우리는
로켓맨

우리는 로켓맨

1판 1쇄 인쇄 2022. 9. 16.
1판 1쇄 발행 2022. 9. 23.

지은이 조광래·고정환

발행인 고세규
편집 고정용   디자인 홍세연   마케팅 박인지   홍보 이한솔
발행처 김영사
등록 1979년 5월 17일 (제406-2003-036호)
주소 경기도 파주시 문발로 197(문발동) 우편번호 10881
전화 마케팅부 031)955-3100, 편집부 031)955-3200 | 팩스 031)955-3111

값은 뒤표지에 있습니다.
ISBN 978-89-349-4867-4 03550

홈페이지 www.gimmyoung.com   블로그 blog.naver.com/gybook
인스타그램 instagram.com/gimmyoung 이메일 bestbook@gimmyoung.com

좋은 독자가 좋은 책을 만듭니다.
김영사는 독자 여러분의 의견에 항상 귀 기울이고 있습니다.

R
O
C
K
E
T

S
P
A
C
E

1988-2022
한국 우주로켓 개발
최전선에서

조광래   고정환

우리는 로켓맨

나로호와 누리호를 만든
우주 개척자들의 이야기

김영사

차례

10장 또 다른 시작: 누리호 2차 발사 & 그 후의 이야기

프롤로그

우주를 바라보는 대한민국

우주宇宙!

이 말을 들으면 사람들은 흔히 미지를 향한 꿈과 도전을 떠올리거나 그것을 동경한다. 우주의 끝은 어디일까? 어떻게 해야 우주를 여행할 수 있을까? 언제나 아련한 꿈과 향수를 불러일으키는 우주는 모든 이가 언젠가 꼭 한번 가보고 싶어 하는 곳이 아닐까!

지금껏 인류는 수많은 도전과 극복 과정을 거치며 역사를 써 내려왔다. 그중에서도 우주에 도전하는 일은 커다란 희생과 대가를 치르게 하는 막강한 도전 과제다. 우주에 도전하는 일, 즉 '우주개발' 동기는 순수한 학문적 탐구일 때도 있고 전략적 목표일 때도 있다.

재밌는 것은 우주기술이 '경쟁' 덕분에 극적으로 발전했다는 점이다. 이미 널리 알려진 것처럼 미국과 소련은 20세기 중후반부터 우주 경쟁Space Race을 펼쳤다. 당시 서로 냉전 중이던 두 나라는 경쟁 범위를 항공우주연구 분야로까지 넓혔다. 이념 대립과 군사기술 개발 연장선에서 인공위성 발사, 유인 우주선 개발, 달 탐사 등 눈부신 발전을 이뤄낸 것이다. 이후 유럽연합EU, 인도, 일본, 중국 등 세계 여러 나라도 우주개발에 뛰어들었다. 그 후발주자 가운데 가장 두각을 보이는 나라는 중국이다.

사실 우주개발에는 많은 돈과 세월이 필요하다. 피나는 노력을 기울인다고 반드시 성공할 수 있는 것도 아니다. 분야의 특성 자체가 그렇다 보니 우주개발을 할 것인지, 말 것인지를 두고 많은 견해와 논쟁이 따르기도 한다.

역사를 돌아보면 우주개발은 국가 지도자의 결단으로 시작해 발전을 이룬 경우가 많다. 특히 우리는 우주개발 선진국 진입과 국가 부강이 동시에 이뤄졌다는 점을 상기할 필요가 있다.

자랑스럽게도 한민족의 천문·우주 분야 연구는 아주 오래전부터 그 맥이 이어져왔다. 예를 들어 경주 첨성대瞻星臺는 현존하는 세계에서 가장 오래된 천문대로 7세기 중엽 신라 선덕여왕때 건립했다. 또 고려시대에는 서운관書雲觀이, 조선시대에는 관상감觀象監 등이 천문·우주 연구를 수행했다. 현대 들어서는 1974년 국립천문대를 설치했는데 이는 1986년 정부출연연구소 체제인 한국전자통신연구소 부설 천문우주과학연구소로 재편했다. 그

이듬해에는 우주 연구와 개발을 전담하기 위한 우주공학연구실을 신설했고 이는 현재 한국천문연구원KSI으로 이어지고 있다.

대한민국은 우주개발을 위해 국가 계획을 수립하고 박차를 가하고 있으나 그 시작은 다른 우주개발 선진국에 비해 40~50년 늦었다. 물론 우리가 늦은 출발에도 불구하고 단기간에 놀라운 성과를 거두고 있는 것은 사실이다. 그러나 우주개발에는 많은 자원과 비용, 시간이 필요하고 투자 위험도도 상당히 높다. 더욱이 우주개발은 수많은 실패를 기반으로 기술 축적이 이뤄지는 특성이 있어서 국민의 관심과 동의, 성원, 격려가 절실하다.

우주개발 구성 요소는 크게 인공위성, 우주발사체, 지상과 활용 시스템 세 가지로 나뉜다. 그중 이 책에서 살펴보는 것은 우주발사체(우주로켓) 개발 이야기다.

로켓은 군사용과 평화용으로 모두 사용할 수 있는 '이중용도 품목Dual Use Item'이라 세계 각국은 이를 대단히 민감하게 다룬다. 따라서 이를 개발하고 활용하는 데는 고도의 전략적 접근과 현명한 대처가 필요하다.

대한민국은 1970년대부터 군사용 미사일 위주로 로켓 개발을 추진해왔다. 군사용이 아닌 과학로켓 연구와 개발은 1990년대 항공우주연구원KARI에서 수행했고, 2002년에 이르러 우주발사체 연구개발에 착수해 오늘에 이르고 있다.

나는 우리나라가 항공우주연구원을 설립한 1989년부터 이곳에서 근무하며 대한민국 로켓 개발에 참여해왔다. 특히 2002년부터 2013년까지는 나로호 개발책임자를, 2010년과 2011년에는 누리호 개발책임자를, 2014년부터 2017년까지는 항공우주연구원 10대 원장을 맡았다. 현재는 한국형발사체 개발사업본부 연구위원으로 일하며 우주로켓 개발에 참여하고 있다.

2010년 나는 누리호 개발을 건의했는데 그 이유는 대한민국에 독자 발사체가 있어야 한다고 생각했기 때문이다. 그로부터 어느덧 12년이라는 고난과 역경의 세월이 흘렀고 마침내 누리호가 우주로 비상했다.

한국형발사체 탄생은 그야말로 말도 많고 탈도 많은 과정을 거쳐왔다. 나로호 개발에 착수했을 때와 두 번의 실패를 겪었을 때는 물론 마지막으로 세 번째 발사에 성공했을 때도 이는 마찬가지다. 그저 운명이려니 한다.

아무리 열과 성을 다해도 뒤늦게 출발한 불리함이 있기에 중국·일본·인도가 달에 사람을 보내고 미국·유럽이 화성과 심우주深宇宙에 간다는 소식을 접하면 마치 죄인이 된 듯한 심정이었다. "그 많은 돈을 쓰고 지금까지 뭐 했냐"는 질책을 들으면 마음이 한없이 쪼그라들기도 했다.

지성여신至誠如神의 일심으로 30여 년 세월을 발사체만 연구 개발하고 살았어도 여전히 가야 할 길은 멀고 험난하기만 했다. 발사체 개발에는 기나긴 세월이 필요하고 천문학적 비용이 들어간다. 이는 모두 국민의 소중한 세금인데 혈세를 쓰는 것은 참으로 마음이 무거운 일이다.

안타깝게도 좋은 결과나 괄목할 만한 성과는 쉽게 얻어지지 않는다. 세상에 초라한 모습을 보이고 싶은 사람이 어디 있겠는가! 그러나 우리는 패잔병 같은 모습을 보일 수밖에 없는 숙명 앞에 놓일 때가 많다.

"이번 발사는 실패했습니다."

그야말로 가슴 떨리는 말이다. 나로호와 누리호 발사에 성공하지 못했을 때 한편에서는 자기 일처럼 애석해하며 좌절하지 말고 끝까지 힘내라는 격려와 성원을 보낸 이도 많았다. 정말 많은 국민이 애정 어린 관심과 성원을 보내며 나로호와 누리호를 응원해주었다.

어쨌거나 우리는 또다시 입에서 단내가 나도록 열심히 뛰어야 했다. 우리 땅에서 우리 위성을 우리 발사체로 발사해 성공하는 그날을 향해 전 연구원은 개발에 매진했다. 우리에게는 실패했다고 좌절감에 빠져 주저앉아 있을 시간조차 없었다.

발사체 개발 과정 중에는 불가피하게 크고 작은 실패를 겪게 마련이지만 정작 실패하면 많이 힘들고 고통스럽다. 두 번 다시 겪고 싶지 않아도 피할 수 없는 것이 실패다. 그래도 산·학·연 모든 참여자가 실패를 두려워하지 않을 때 우리의 우주발사체 기술은 도약한다. 그 성실한 실패를 진실로 용인하고 격려하는 연구개발 환경이 절실히 필요한 이유다.

한국과 러시아가 공동으로 나로호를 개발하던 2008년, 우리는 그동안 습득한 기술을 발판으로 후속 발사체(누리호) 개발을 위한 준비작업을 시작해 2009년 4,000쪽이 넘는 누리호 개발계획서를 우리 손으로 완성했다. 이어 2010년부터 누리호 개발에 본격 착수했으나 나로호의 두 차례 발사 실패를 빌미로 2011년 정부는 내가 맡고 있던 누리호 개발책임을 박탈하고 발사체 개발 경험이 전혀 없는 외부인에게 개발책임을 맡겼다. 그로부터 2015년 상반기까지는 누리호 개발의 암흑기였다.

2015년 8월 항우연의 고정환 박사가 누리호 개발책임자가 되고부터 비로소 정상적인 연구개발이 이뤄지면서 오늘에 이르고 있다. 2018년 11월 우리는 75t(톤) 엔진 1기를 사용한 1단형 시험발사체 발사에 성공하고 곧바로 3단형 누리호를 준비해 2021년 10월 1차 발사를 진행했다. 그러나 3단 액체산소 탱크 내부의 고압 헬륨 탱크가 이탈하면서 위성 궤도 투입에 실패했다. 그 실패 원인을 규명하고 재발 방지 대책을 강구한 우리는 2022년 6월 21일 마침내 고도 700km 원 궤도에 인공위성을 투입하는 데 성공했다.

많은 국민이 지켜보았듯 누리호는 굉음과 함께 섬광을 뿜으며 우주로 날아갔다. 그렇지만 직접 개발을 주도한 연구원들은 기뻐하거나 한숨을 돌릴 겨를이 없다. 나로호 사업의 끝이 누리호 시작과 맞물렸듯 누리호 사업의 끝도 또 다른 시작이다. 우리에겐 반드시 가야 할 누리호 '그다음'이 있다. 비록 그 길에도 시련과 역경이 있겠지만 그것은 가야만 하는 길이고 로켓맨에게 포기란 없다.

이 책은 그동안 대한민국이 우주개발의 꿈을 이루기 위해 달려온 연구개발사의 한 단면을 보여준다. 그 속에 수많은 '로켓맨'이 바친 피와 땀의 드라마가 있다.

2022년 9월 조광래

1부

LOOK UP!
답은
저 위에
있다

1장
개척자들

로켓 불모지에서

한국천문연구원의 전신으로 1987년 신설한 우주공학연구실에서
는 '과학연구용 로켓 개발을 위한 필수 기술' 같은 선행 기초 연
구를 수행했다. 그런데 우리에게는 로켓을 개발해본 연구원이 없
다는 문제가 있었다. 1988년 당시 연구원들의 기술교육을 위해
어렵게 예산을 마련한 천문우주과학연구소 김두환 소장(현 아주대
학교 연구교수)은 연구원 4명을 약 한 달 일정으로 미국 캘리포니
아 새크라멘토에 있는 회사 에어로제트Aerojet에 파견했다.

　　그러나 그때는 G7(미국, 일본, 독일, 영국, 프랑스, 이탈리아, 캐나
다) 국가에서 1987년 4월 미국 대통령 로널드 레이건이 주도한

'미사일 기술 통제 체제Missile Technology Control Regime, MTCR'가 작동하던 상황이라 로켓 핵심기술을 전수받는 것은 상당히 어려운 일이었다. 소형 액체로켓엔진 하나를 견학하는 데도 미국 보안당국의 승인이 필요했고 미국인이면 누구나 볼 수 있는 교과서 수준의 로켓 관련 자료도 승인을 받아야 볼 수 있었다. 이미 때가 늦어버린 것이다.

미국이 일본에 알짜배기 기술과 시설을 이전하고 러시아가 인도에 기술을 전해준 것은 그들이 우리보다 일찍 시작했기 때문이다. 로켓 기술 불모지인 한국에서 파견한 연구원 4명은 어떻게든 기술을 조금이라도 더 습득하기 위해 강사들을 열심히 접촉해서 적극 부탁했다. 그 모습은 차라리 애원에 가까웠다.

얼마 후 그들은 소형 액체로켓엔진 실물을 처음 관찰했고 로켓의 전자 시스템에 해당하는 원격측정, 추적·지령 시스템의 초보적인 개념설계와 제작 기술을 살펴볼 수 있었다. 이때 대체로 우호적이던 미국 오클라호마주립대학교 토머스 버튼쇼Thomas G. Bertenshaw 교수팀과의 인연은 곧 원격측정지상국Telemetry Ground Station[1] 시스템 도입으로 이어졌다.

기술교육 내용 중에는 로켓 조립장과 발사장 견학도 있었다. 덕분에 연구원들은 버지니아주 동쪽 해안에 있는 월롭스 비

---

1   비행하는 로켓에서 지상으로 보내주는 각종 정보를 수신하고 처리하는 장치.

행기지 Wallops Flight Facility를 방문해 조립 중인 로켓, 조립 설비, 발사장 설비 등을 제한적이나마 처음 관찰할 수 있었다. 당시 경험은 훗날 KSR-I Korea Sounding Rocket-I(한국형 1단형 고체추진 과학관측 로켓) 개발에 소중한 자산으로 쓰였다.

　1988년 한국은 서울올림픽을 개최하는 등 경제와 사회 환경이 꽤 좋았다. 특히 미국과의 무역에서 예상외로 흑자가 많이 발생해 미국이 불평하는 지경에 이르기도 했다. 그러자 한국 정부는 긴급히 '89대미특별외화대출자금'이라는 명목으로 정부출연 연구기관에 연구비를 제공해 미국산 물품을 구매하게 하는 정책을 추진했다.

　그때 우주공학연구실도 미화 130만 달러의 자금을 배정받아 미국산 장비 도입을 추진할 수 있었다. 어떤 장비를 선정할 것인가? 뜻하지 않게 자금을 받은 연구원들은 꼼꼼히 조사하고 검토한 끝에 원격측정지상국 시스템을 도입하기로 했다.

　이런 결정을 내린 이유는 당시 국내에 민간용 발사장이 없어서 비행 시험을 하려면 군용 시설에 의존해야 했기 때문이다. 민간에서도 최소한의 지상 장비를 갖출 필요가 있었다. 연구진은 우선 에어로제트에서 기술교육을 받을 때 만난 버튼쇼 교수팀에 원격측정지상국의 수출 가능성을 타진했다. 그들은 상당히 긍정적인 반응을 보였고 연구진은 곧바로 오클라호마주립대학교 측과 세부적인 논의에 들어갔다.

문제는 로켓 관련 장비를 도입하려면 미국 정부의 수출 허가를 받아야 한다는 데 있었다. 안타깝게도 연구진은 관련 정보를 전혀 알지 못했다. 그야말로 아는 게 아무것도 없던 시절이었다. 연구진은 그들 나름대로 여러 채널을 가동해 미국 정부의 수출허가제도와 그 운영 실태를 조사했다.

미국 정부의 수출 허가는 상무부에서 발행하는 것과 국무부에서 발행하는 것이 있는데 로켓 관련 장비는 국무부 허가를 받아야 했다. 그렇게 국무부에서 최종 허가를 내주기는 해도 실무 측면에서는 상무부, 국방부, 공군, 해군, NASA(미국 항공우주국)의 검토 의견을 취합해 종합적으로 결정하는 시스템이었다.

어찌어찌해서 미 국무부 담당자를 만난 우리는 군사용 로켓과 전혀 관계가 없고 오로지 평화를 목적으로 한 순수과학 탐구용이라고 아주 진지하게 설명했다. 미 국무부 담당자는 미국의 수출통제 장비를 한국으로 수출하면 나머지 일은 모두 한국 내에서 이뤄지기 때문에 반드시 수출 허가가 필요하다고 말하며 빙그레 웃었다. 기술을 갖추지 못한 아마추어로서 우리는 창피함과 굴욕감을 느꼈다.

우리는 미 국무부에 수출 허가 신청을 하고 미국 측에서 요구하는 제한 조건을 수용하고서야 허가를 받을 수 있었다. 이후 오클라호마주립대학교와 계약을 체결한 우리는 미국 현지에서 3년여의 개발과 운용 과정을 거쳐 원하던 장비를 도입했다.

그렇게 확보한 원격측정지상국은 KSR-I 첫 발사에 사용해 만족할 만한 결과를 얻었고 계속해서 KSR-I 2차 발사와 KSR-II(2단형 고체추진 과학관측로켓) 1~2차 발사, KSR-III(1단형 액체추진 과학관측로켓) 발사에까지 사용했다. 당연히 연구원들은 3년여의 개발과 운용 과정에 직접 참여해 제한적이나마 기술 습득 기회를 얻었고, 그때 축적한 기술을 로켓 탑재용 전자 시스템 개발에 응용했는데 이는 자연스러운 기술 진화 과정이다.

　　연구원들이 우주 시스템을 연구개발한 경험이 전혀 없던 초기에는 선진 개발국에 가서 기술교육을 받는 것이 효과적이지만, 여기에는 문제점도 있다. 우선 비용이 많이 들고 인원수에 제한을 받으며 무엇보다 상대국 허가를 받는 것이 어렵다. 이런 이유로 해외에서 활동하는 교포 전문가를 초빙해 강의를 듣는 것도 좋겠다 싶어 사방으로 수소문했으나 로켓 핵심기술 면에서 실무 경험을 갖춘 재외동포 전문가를 찾는 것 역시 어려운 일이었다.

　　우리는 나중에야 다른 나라 사람은 로켓 핵심기술을 다루는 자리에 절대 앉히지 않는다는 것을 알았다. 그러던 중 우리는 미국 메릴랜드주에서 로켓이 아닌 인공위성 전력 장치Electrical Power System를 개발해 NASA 프로그램에 납품하는 회사 MTI의 조용민 사장을 초빙해 인공위성의 초보적인 개념설계 강의를 들었다. 비록 로켓은 아니지만 초기 연구원들에게는 인공위성 관련 강의도 오랜 가뭄 끝에 만난 단비 같은 것이었다.

이 강의 덕분에 우리는 중복성 설계System Redundancy의 필요성과 신뢰성Quality Control 개념의 중요성을 이해할 수 있었다. 특히 "각 서브 시스템이 서로 지속적으로 대화를 나눠야 한다"는 충고는 두고두고 교훈으로 남았다. 조 사장과의 인연은 지금까지도 이어지고 있다.

한편, 당시 과학기술처(과학기술정보통신부의 전신)는 항공우주산업 육성을 위해 항공우주 분야 정부출연연구소를 설립하기로 했다. 이에 따라 한국기계연구소 항공 분야 인력과 천문우주과학연구소 우주 분야 인력을 기반으로 1989년 10월 10일 한국기계연구소 부설 항공우주연구소(항우연)를 설립했다.

우주 분야 연구개발을 본격 추진하기 위해서는 몇 가지 조립·시험 시설을 반드시 갖춰야 한다. 개발한 제품이나 장비 등이 진동, 충격, 음향, 고온, 저온 같은 극한 환경에서도 안정적으로 작동하는지 확인해야 하기 때문이다. 이런 시설을 갖춰 시험하는 곳을 일반적으로 AITCAssembly Integration Test Center라고 부른다.

초창기 우리에게는 우주개발 관련 조립·시험 시설이 전혀 없었다. 우주개발 걸음마를 떼려면 우선 AITC를 건립해야 했기에 우리는 기술협력(도입) 상대를 조사한 끝에 프랑스 회사 엥테스페스intespace가 적격이라고 판단했다.

결국 엥테스페스와 협상에 나선 우리는 현재의 대덕연구단지 항공우주연구원 부지에 AITC를 건립하기 위해 공동 설계 계약을 체결했다. 그리고 계약 내용에 따라 1차로 기계 분야를 설계할 연구원 한 명과 전자 분야를 설계할 연구원 한 명을 프랑스 남부 툴루즈에 있는 엥테스페스로 파견해 0단계, A단계로 이어지는 조립·시험 시설설계를 시작했다.

그렇게 1990년 1월 프랑스 툴루즈 파견을 시작으로 1996년 6월 건물을 완공했고 1998년 5월에는 시험 시설까지 설치·완공했다. 구상 단계에서 완성까지 9년여의 세월이 흐른 셈이다. 이 조립·시험 시설은 지금까지도 매우 요긴하게 쓰이고 있으며 항공우주연구원뿐 아니라 우리나라 우주개발에서도 핵심 시설 중의 핵심으로 인정받고 있다. 심지어 이 시설을 활용해 수출까지 하고 있을 정도다. 선견지명이 후손을 살린다.

대포동이 불붙인 과학로켓 연구

1998년 9월 1일, 평소 알고 지내던 청와대 외교 안보 관계자가 갑자기 내게 전화를 했다. 그는 황급히 몇 가지 숫자를 불러주더니 계산을 해보라고 재촉했다. 내용을 살펴보니 로켓의 비행 궤적이었다. 연구원들이 그것을 계산하는 사이 또 다른 정부기관에서 같은 요청이 들어왔다. 북한이 대포동 1호를 발사한 바로 다음 날이었다.

곧바로 분석 결과가 나왔다. 데이터는 인공위성을 우주로 쏘아 올리기 위해 로켓 추진체를 발사한 흔적이었고 위성은 궤도에 진입하지 못한 듯했다. 그렇지만 사안이 사안인 만큼 분석 결과 발표에 신중해야 했다. 우리는 고민 끝에 '인공위성 발사 시도는 맞는 듯하나 궤도 진입에는 실패한 것으로 보인다'는 내용의 보고서를 제출했다. 나중에 알았지만 미국도 우리와 같은 분석 내용을 제출했다고 한다. 국내 연구진의 계산 능력과 분석 수준이 어느 정도 입증된 셈이었다.

해외 언론은 북한의 대포동 1호 발사를 대서특필했다. 특히 일본은 이 사건을 아주 상세히 다뤘다. 그 영향인지 알 수 없으나 일본은 얼마 지나지 않아 고성능 지구 관측 위성 시스템 구축 계획을 수립했다. 그때 계획한 위성들이 지금까지도 우주 궤도를 돌고 있다.

이 사건이 국내에 미친 파장도 적지 않았다. 수많은 전문가가 나서서 "도대체 그동안 우리는 무엇을 했나?" "한국도 조속히 우주개발을 서둘러야 한다" "연구비만 지원하면 2005년에는 한국도 로켓을 발사할 수 있다" 같은 다양한 의견을 쏟아냈다.

그동안 불모지나 다름없는 환경에서 10년 넘게 로켓 개발의 필요성과 중요성을 설득하고 다녔어도 경제성을 이유로 번번이 거절당한 우리 연구팀으로서는 참으로 기운 빠지는 소리였다. 그리고 2010년 예정이던 한국의 자체 로켓 발사 계획은 별다른 기술 검토도 없이 2005년으로 크게 앞당겨졌다.

최초의 과학로켓, KSR-I

북한의 대포동 1호 발사에 전 세계가 민감하게 반응한 건 로켓이 군사적 혹은 평화적 용도로 모두 사용 가능한 물품이기 때문이다. 대한민국도 1970년대부터 로켓을 개발했지만 그때는 군사용 미사일 위주였다. 우리나라가 소위 말하는 평화적 용도의 로켓을 개발하기 시작한 건 1990년대부터다.

이중용도로 사용할 수 있는 로켓은 그 자체가 지닌 특수성 때문에 개발을 본격 추진하려면 국민의 이해와 동의가 필요하다. 따라서 세계 각국은 로켓 개발을 위한 국가 계획을 수립하고 체계적으로 연구개발을 추진하고 있다. 마찬가지로 우리도 우주개발을 체계적으로 꾸준히 추진하고자 1996년 4월 30일 제12회 종합과학기술심의회에서 우주개발 중장기 기본 계획을 의결했다. 덕분에 비록 다른 나라에 비해 많이 늦긴 했으나 국가의 전폭 지원과 한민족의 저력을 바탕으로 일취월장하면서 머지않은 장래에 선진국 대열에 합류할 수 있으리라는 희망과 믿음 아래 모든 연구진이 합심해 연구개발에 매진했다.

그 첫 결과물이 과학로켓 KSR-I이다. KSR은 '코리아 사운

딩 로켓Korea Sounding Rocket'의 머리글자로 과학적 관측을 위해 하늘로 보내는 로켓이라는 뜻을 담고 있다. 이는 평화를 목적으로 한 로켓임을 강조하기 위해 국제적으로 통용하는 단어다.

KSR-I은 1단으로 이뤄진 고체추진기관 로켓으로 길이 6.7m, 지름 42cm, 무게 1.25t, 추력 8.8t으로 설계했다. 이것은 유도제어 기능이 없는 기초 수준의 로켓으로 비행 중 안정성 유지를 위해 1초에 4회 정도 로켓이 회전하는 '스핀 안정화 방식'을 적용했다.

개발은 성공적이었다. 연구비 28.5억 원에 3년여의 개발 과정을 거쳐 탄생한 KSR-I은 1993년 6월 4일 충남 태안 해안에서 첫 발사를 시도했다. 로켓은 최고 초속 989m로 고도 39km까지 77km 거리를 190초 동안 비행했다. 군이 아닌 민간 부문에서 수행한 최초의 과학로켓 발사였다. 당시 비행 실패에 따른 책임이 두려워 로켓 발사를 방해한 연구원 출신 고위관료도 있었지만 우리는 많은 사람의 도움으로 발사를 진행했다.

첫 발사 성공으로 자신감을 얻은 연구진은 같은 해 9월 1일 두 번째 발사를 수행했다. 이 로켓은 최고속도 1,123m/sec, 최고 도달고도 49km, 비행거리 101km, 비행시간 213초를 기록했다. 우리는 로켓에 장착한 오존층 관측 센서로 한반도 상공의 오존층 수직 분포 상태를 직접 측정했고 이를 학계에 보고했다. 이때 우리는 대한민국 로켓 개발의 투명성을 확보하는 동시에 '오존층

파괴 물질에 관한 몬트리올 의정서Montreal Protocol on Substances that Delete the Ozone Layer' 이행이라는 국제적 약속도 지켰다.

그 달콤한 성공은 지난 3년여의 고생을 싹 잊게 해줬다. 무엇보다 전용 발사대가 없었던 우리는 일본 우주과학연구소ISAS와 가고시마 발사장에서 어깨너머로 본 지식으로 이동형 발사대를 만들어야 했다. 당시 민간 시설 부재로 군용 시설을 활용했는데 그곳에 KSR-I 전용 발사대가 없어서 오해받을 소지가 컸음에도 불구하고 KSR-I 발사를 위해 이동식 발사대를 만든 것이다.

사실 우리는 발사대 관련 기술 기반이 매우 빈약하고 참고할 만한 자료나 실물이 없어서 난감한 지경이었다. 그 절실한 순간에 때마침 우리 구조팀 연구원들에게 일본 우주과학연구소와 가고시마 발사장을 방문할 기회가 생겼다. 구조팀 연구원들은 눈으로 사진을 찍듯 관찰한 일본 발사대를 참고해 우리에게 필요한 발사대를 설계했고 마침내 우리 발사대를 개발했다.

심지어 발사대 가동을 연습할 장소조차 없어서 우리는 궁여지책으로 대전 한국항공우주연구원(당시 한국기계연구소 부설 항공우주연구소) 기숙사 옆 주차장에 발사대를 가져다 놓고 로켓 장착과 기립, 점화기 점화 연습을 계속했더랬다. 주차장에 놓인 로켓 발사대라니, 다시 떠올려봐도 이질적인 장면이다.

먼저 로켓을 발사대 레일에 수평으로 장착한다. 이어 엄빌리컬 커넥터umbilical connecter(로켓과 지상 장비를 연결하는 장치)를 연결하고, 로켓을 기립하고, 엄빌리컬 커넥터를 이탈하고, 점화기를 점화하는 일련의 작업을 한다. 우리는 이러한 발사 운용 연습을 반복해서 수행했다. 실제로 로켓을 발사할 때 실수를 줄이려면 작업 숙련도를 높이는 것이 매우 중요하며 반복 연습은 필수 과정 중 하나다.

그런데 과유불급過猶不及이라더니 엄빌리컬 커넥터를 연결하고 이탈하는 연습을 너무 많이 하는 바람에 플러그와 소켓 사이가 헐거워져 실제 발사 운용 과정에서 접촉 불량이 발생했다. 커넥터 접촉 불량으로 통신 신호가 끊겨 발사 진행을 중지해야 하는 비상사태가 발생한 것이다.

문제를 확인하고 해결하려면 사람이 로켓에 접근해야 하는데 로켓에 점화 화약을 장착한 터라 폭발 위험이 있었기에 아무도 로켓에 접근하려 하지 않았다. 결국 임무통제센터Mission Control Center에서 발사통제를 진행하던 내가 발사대로 이동해 로켓에 직접 올라가 접촉 불량상태를 해결한 뒤에야 다시 발사를 진행하는 우여곡절이 있었다.

발사 운용에는 능숙한 운용 요원(통제원)이 필요하다. 이와 함께 장비나 부품을 최적 상태로 유지하는 것도 매우 중요하다. 결국 운용 요원 훈련과 장비·부품의 최적 상태 유지에 차질이 없어야 정상적인 발사 운용이 가능하다.

고체추진기관은 로켓의 원통형 몸체 내부로 아주 잘 반죽한 고체화약(추진제)을 주입해 안정적인 상태로 경화硬化해서 만든다. 경화를 완료한 추진기관은 X선 비파괴검사로 기포나 균열이 없는지 면밀하게 검사한다. 기포나 균열이 있으면 고체추진제가 연소하면서 갑자기 폭발이 일어나 큰 사고로 이어지고 결국 임무 실패 결과를 초래하므로 이는 매우 중요한 사안이다. 그런데 초도비행용으로 제작한 KSR-I 추진기관을 X선 비파괴검사로 확인하자 달걀 정도 크기의 기포를 비롯해 다수의 기포가 나타났다.

연구진 내부에 초비상이 걸렸다. 연구비, 시간, 경험 등 모든 것이 부족한 상황에서 연구진에게 닥친 커다란 위기였다. 내부 연구원들은 밤을 새워 기술 토론을 이어갔고 그냥 발사하자는 쪽과 그러면 절대 안 된다는 쪽으로 의견이 나뉘었다. 외부 전문가의 도움을 받기 위해 자문회의도 열었으나 명확한 답을 얻지 못했다. 지금 같으면 단박에 결정할 수 있는 일이지만 당시만 해도 경험 많은 전문가가 부족했기 때문이다.

결국 경화한 추진제를 모두 긁어내고 추진기관을 다시 제작하자는 쪽으로 결론이 났는데 그 작업이 상당히 힘들고 위험도가 높아 연구원들의 고생이 이만저만이 아니었다. 다행히 새로 만든 추진기관으로 연구원들은 최초의 과학로켓 KSR-I 첫 발사에 성공했다. 우리가 또 한 단계 기술 성장을 이룬 것이다.

발사 준비에는 두 달 정도 시간이 필요한데 발사장이 대전 본부와 떨어져 있어서 연구원은 대부분 단체로 여관에 장기투숙

하며 업무를 수행했다. 주말이면 밀린 빨래와 목욕 등 신변 정리를 하느라 바쁜 중에도 많은 연구원과 산업체 참여자가 모여 백사장에서 축구나 배구 같은 운동을 하며 팀워크를 다지기도 했다. 발사체 분야 연구원들은 의리가 있고 단합을 잘하는 편인데 이는 어려울 때 집을 떠나 서로 의지하며 생사고락을 함께했기 때문이리라.

한번은 연구원들이 안면도 바닷가에 모여 운동을 즐긴 뒤 식사를 했다. 그때 한 연구원이 뜨거운 햇볕을 피하려고 작업용 발포 폴리에틸렌으로 얼굴과 온몸을 감싸고 발만 내놓은 채 방파제에서 낮잠을 즐기고 있었다. 한데 그것을 본 어떤 동네 주민이 죽은 사람이 있다고 신고하는 바람에 경찰이 출동하는 어처구니없는 일이 벌어졌다. 출동한 경찰은 이런 일은 처음 겪는다면서 쓴웃음을 지으며 돌아갔다. 이제 고참이 된 그 '낮잠' 연구원은 열심히 후배들을 지도하며 한국형발사체를 개발하고 있다.

누군가는 천 년도 수유須臾(매우 짧은 시간)라고 했는데 정말로 세월은 유수流水던가!

값진 실패, KSR-II

연구진은 KSR-I 연구개발과 발사 덕분에 로켓 개발의 전 과정,

즉 설계, 제작, 시험, 평가, 발사 운용, 비행 후 데이터 분석 등의 기술 기반을 구축했다. 그리고 KSR-I 성공은 자연스레 KSR-II 개발로 이어졌다.

KSR-II는 KSR-I과 달리 2단형 고체추진기관 로켓으로 설계해 단stage 분리²가 필요했다. 특히 KSR-II에는 관성항법 장치를 탑재해 조종날개Canard Fin로 비행 초기 자세제어가 가능하도록 고안했다. 다만 추진제는 KSR-I과 동일하게 고체추진제를 사용했다. 이 로켓은 개발에 3년 반 정도가 걸렸고 1997년 7월 9일 첫 발사를 시도했다.

그런데 아뿔싸! KSR-II는 이륙 후 20.8초 만에 통신이 끊기고 말았다. 그 순간 머릿속이 하얘지면서 손이 덜덜 떨렸다. 만에 하나 로켓이 지상에 추락한다면? 상상만으로도 끔찍한 일이었다. 불행 중 다행으로 KSR-II는 낙하할 것으로 예상한 통제 지역에 무사히 '입수入水'했다. 낙하 지역에 배치한 통제 선박에서 로켓이 예정한 지역에 낙하 입수하는 모습을 관찰한 것이다.

우리는 처음 20여 초 동안의 데이터만 확보했고 이후의 데이터 수신에는 실패했다. 그렇게 통신은 끊기고 말았으나 로켓 비행이 정상적으로 이뤄졌음을 확인한 것은 그나마 다행이었다.

---

2   다단형 로켓은 아랫단 연소가 끝난 뒤 단을 분리하고 윗단 엔진으로 더 멀리 비행하는 방식을 택한다. 로켓을 분리하면 무게를 줄여 같은 추진체로 더 효율적으로 비행할 수 있다.

한데 그때부터 연구원들에게 형극荊棘의 시련이 닥치기 시작했다. 발사장에서 철수해 연구소로 돌아와 보니 과학기술처가 이미 조사 계획을 수립하고 조사단 구성까지 마친 상태였다.

곧바로 조사단이 들이닥쳤다. 비전문가들로 구성한 조사단이, 심지어 로켓 시스템을 한 번도 개발해본 적 없는 사람들이 실패 원인을 규명하는 일은 연구원들에게 이중, 삼중의 부담을 떠안겼다. 연구원들의 사기는 점점 떨어졌고 건강에도 이상이 생기기 시작했다.

어떤 시스템이든 그것을 개발해본 경험이 없는 사람이 기술적 조사·분석을 하려고 시도하는 것은 과학기술의 본질을 모르는 발상이다. 마찬가지로 비전문가들로 구성한 조사단이 실패 원인을 규명하는 일은 기술 측면에서 무가치한 일이었다. 그럼에도 불구하고 연구원들은 조사단의 요구 자료를 준비하고 심지어 그들을 가르치기까지 해야 했다. 다른 한편으로 연구원들은 실패 원인을 두고 내부적으로 기술 분석을 진행했다.

그대로 포기할 수는 없었다. 진짜 난관에 봉착하면 극복하려는 의지가 더욱 솟구치는 것인지 잘 모르겠지만 그 어렵고 힘든 상황에서 연구원들은 더욱더 단결했다. 실패 원인을 밝히는 데 혼신의 힘을 쏟은 결과 마침내 우리는 유력한 실패 원인을 찾아냈다. 관성항법 장치의 전자회로를 구성하는 1~2mm 크기의 캐패시터capacitor라는 작은 부품 고장이 통신두절의 원인이었다.

허무했지만 이는 로켓 개발 과정에서 흔히 있는 일이다.

우리는 이것을 보강했고 1998년 6월 11일 2차 발사를 수행했다. KSR-II는 완벽하게 날아갔다. 연구비 52.4억 원을 투입한 KSR-II는 대한민국이 고도 100km 이상의 '진짜 우주'로 보낸 첫 물체로 최고속도 1,542m/sec, 최고 도달고도 137km, 비행거리 124km, 비행시간 364초를 기록했다.

KSR-II는 페이로드 Payload(과학 장비 혹은 실험 장치)로 오존층 센서와 이온층 센서를 탑재해 과학 관측 임무를 수행했다. 기술 측면에서 우리가 얻은 가장 큰 성과는 관성항법 장치를 이용한 자세제어 시스템 성공, 화약을 이용한 능동적인 단 분리 시스템 성공, 2단 자동 점화 시스템 성공 등인데 이는 나로호를 개발하는 데 소중한 밑거름으로 쓰였다.

연구원들은 어느 정도 자신감과 자존감을 회복했다.

크리스마스 선물, KSR-III

고체추진기관을 사용하는 KSR-I과 KSR-II를 민간에서 계속 연구개발하는 데는 많은 국제적 제약이 따랐다. 고체추진기관은 별도로 연료를 주입할 필요가 없어서 발사가 비교적 간편하다 보니 미사일 같은 무기류 추진기관으로 많이 쓰였기 때문이다.

새로운 돌파구를 마련해야 했다. 그렇게 시작한 KSR-III의 초기 개념설계 때는 고체와 액체를 병행 사용하는 방안도 나왔으나 로켓 개발을 향한 국제사회의 환경적 요구와 우주발사체로의 확장성 등을 고려해 결국 액체추진기관을 사용하기로 했다.

1997년 12월 24일, 우리는 연구개발에 본격 착수했다. 사실 KSR-III를 연구할 수 있다는 것은 우리 연구팀에 크리스마스이브 선물과도 같았다. KSR-II가 1차 발사에 실패한 상황이라 새로운 로켓 연구개발 프로젝트를 시작하는 게 거의 불가능한 분위기였기 때문이다.

KSR-III 연구개발 계획을 수립하는 일은 KSR-II 1차 발사의 실패 원인을 규명하는 일과 거의 동시에 이뤄졌는데, 앞선 프로젝트를 실패한 상황에서 새로운 프로젝트를 시작하는 것은 엄청난 부담이었다. 당시 우주 관련 프로젝트를 담당한 과학기술부 정윤 국장(후일 과학기술부 차관 역임)의 확고한 소신과 포기하지 않는 추진력이 아니었다면 상황이 어찌 흘러갔을지 모를 일이었다. 그는 훗날 나로호 프로젝트에서도 중요한 역할을 했다.

KSR-III의 핵심 구상은 소형 가압식 액체엔진을 다발로 묶어 아주 큰 추력의 1단을 구성함으로써 인공위성을 발사하는 우주발사체를 개발하는 것이었다. 가압식 액체엔진 1기의 추력은 처음엔 7t급으로 설정했으나 이후 9t급으로 변경했고 최종적으로 13t급으로 확정했다. 우리는 우왕좌왕했다. 본래 KSR-III는 기본

형과 응용형 두 종류로 계획했지만 기술상의 한계에 직면하면서 결국 기본형만 발사했다.

로켓처럼 거대복합기술 체계 시스템에서 어느 한 부분만 중요하다거나 어렵다고 말하는 것은 옳은 표현이 아니다. 그래도 KSR-III에서는 가압식 액체엔진 개발이 가장 중요한 부분이었다. 우리는 어느 누구도 가르쳐주지 않는 로켓기술과 액체엔진기술을 '독학'으로 개발하면서 수많은 시행착오와 실패를 겪을 수밖에 없었고 이를 극복하지 못한 채 좌절하면 아무것도 얻지 못할 터였다.

로켓엔진은 연료와 산화제를 효율적인 비율로 적절히 잘 섞어 연소실 안에서 안정적으로 연소하게 하는 장치다. 이 같은 연소 과정에서 발생하는 고온·고압 가스가 노즐로 분출되면서 추진력이 발생하고 그 추진력의 반작용으로 로켓이 우주 공간을 비행하는 것이다. 결국 로켓엔진 개발 과정에서 연소 시험은 필수 불가결하다. 연소가 안정적으로 이뤄지지 않으면 찰나의 순간에 폭발이 일어나는데 이는 전혀 예측할 수 없는, 그야말로 속수무책의 상황이다.

이 위험한 것을 독학으로 개발하는 일은 말 그대로 고난의 행군이었다. 우리는 위험천만한 연소 시험을 매일 반복했다. 가압식 엔진 개발 과정에서 나타나는 문제점을 하나씩 알아내 해결하려면 맨땅에 헤딩하는 자세로 수많은 시행착오와 실패를 겪을 수밖에 없었다. 2002년 초까지 연소 시험은 총 45회 진행했는데 이는 누적 시간으로 700여 초에 해당한다.

KSR-III용 엔진 개발 과정에서도 크고 작은 폭발 현상(연소 불안정)이 여러 번 있었고 그에 따른 비용 증가와 일정 지연은 피할 수 없었다. 연구개발 과정에서 기술적 난관에 봉착해 어려움을 겪으면 예외 없이 전문가 점검이 필요하다는 말이 흘러나온다. "연구개발팀은 과연 능력이 있는가?" "그들은 열심히 하지 않는다" "연구개발팀은 숨기는 것이 많고 폐쇄적이다" 등 판에 박은 듯한 연구진 흔들기와 비난은 20여 년 전이나 지금이나 어쩌면 그리도 똑같은지….

당연히(?) 우리는 KSR-III를 개발하는 동안 점검을 받았다. 일단 비행 가능한 액체엔진을 개발하면 연료 탱크, 산화제 탱크, 각종 공급 배관과 밸브류, 제어기 등을 사용해 로켓의 단을 구성하고 유도제어를 위한 엔진 짐벌링Gimbaling[3]을 포함한 단 종합 연소 시험을 진행한다. 연소 시험을 700여 초 수행한 엔진을 비행하게 하는 것은 대단한 모험이자 말도 안 되는 일이다. 훗날 러시아 회사 에네르고마시의 엔진전문가 그로미코에게 그 일을 설명하자 황당해하며 한심하다는 듯한 표정을 지었다. 얼굴이 화끈거리도록 부끄러웠다. 하지만 당시 우리는 무모한(?) 모험이라도 감

---

3   여러 개의 엔진을 묶은 클러스터링 상태에서 각각의 엔진을 미세하게 조정하고 정렬해 보는 실험.

행할 수밖에 없는 절박한 상황이었다.

2002년 8월 우리는 KSR-III 비행용 모델의 단 인증 시험을 진행했다. 즉, 새로 개발한 액체엔진에 연료 탱크, 산화제 탱크, 각종 공급 배관과 밸브류, 제어기 등을 적용해 로켓의 단을 구성하고 종합 연소 시험을 치렀다. 그리고 그해 11월 28일 곧바로 발사를 감행했다.

길이 14m, 지름 1m, 무게 6t(연료인 등유 1t, 액체산소 2.3t 포함)인 이 로켓은 최고속도 899m/sec, 최고 도달고도 43km, 비행거리 80km, 비행시간 231초를 기록했다. 이것으로 우리가 기술 측면에서 얻은 성과는 극저온 추진제인 액체산소와 등유를 사용하는 13t급 가압식 액체엔진, 관성항법 장치, 추력벡터제어 시스템, 추력기 자세제어 시스템 등을 국산화한 일이다.

그런데 발사 당일 돌발 상황이 발생했다. 로켓을 발사할 때는 안전을 위해 비행 궤도상의 상공을 지나는 항공기에 통보하고 낙하 예상 지역을 통행하는 선박을 막는다. KSR-III도 해당 항공기에 통보하고 군과 해양경찰의 도움을 받아 낙하 예상 지역을 완전히 비운 뒤 로켓에 액체산소를 충전했다. 그 상황에서 갑자기 외국 국적의 대형 화물 선박 한 척이 통제에 따르지 않고 낙하 지역을 막무가내로 지나가는 일이 발생했다. 로켓에 영하 183°C의 액체산소를 채운 상태에서 기다릴 수 있는 시간은 제한적이었기에 피가 마르는 듯했다.

"10, 9, 8, 7, 6, 5, 4, 3, 2, 1, 발사."

오후 2시 52분 26초, 드디어 KSR-III가 이륙했다. 그때까지 도 외국 화물 선박은 KSR-III의 예상 낙하 지역을 지나고 있었 다. 로켓이 낙하할 시간에는 화물 선박이 해당 지역을 벗어날 것 이란 계산 아래 이뤄진 아슬아슬한 발사였다.

KSR-III는 연구진의 모든 걱정을 뒤로하고 힘차게 하늘로 날아올랐다. 그때 대한민국 최초로 액체로켓엔진 발사에 성공하 면서 느낀 희열은 20년 가까이 지난 지금도 생생하다.

KSR-III의 가장 큰 특징은 로켓 구성품을 어느 것 하나도 해외에서 사올 수 없어 모든 부품을 국산화했다는 점이다. 그 과 정에서 대한민국이 이 연구에 투입한 비용은 780억 원이다. 사 실 우리는 KSR-I과 KSR-II 개발 과정에서 몇 가지 부품을 미국 에서 수입한 경험이 있었기에 KSR-III도 일부 부품을 해외에서 도입할 것을 염두에 두고 개발 계획을 수립했다. 그러나 미국은 KSR-III용 전체 부품 수출을 거부했다. 우리가 로켓을 개발하는 일에 부정적이던 미국은 KSR-I과 KSR-II 부품을 판매할 때도 현장사찰On-site Inspection을 조건으로 수출 허가를 내주었고 수시 로 현장사찰을 요구했다. 항우연만 해도 1992년부터 2001년까지 여섯 번에 걸쳐 현장사찰을 받았다.

KSR-I과 KSR-II, KSR-III는 훗날 새로운 발사체를 개발 하는 데 큰 자산으로 쓰였다. 특히 KSR-III를 개발할 때는 극저온 추진제인 액체산소와 등유를 사용하는 13t급 가압식 액체엔진을 비롯해 관성항법 장치, 추력벡터제어 시스템, 추력기 자세제어 시스템 등의 부품을 모두 국산화하는 데 성공했다. 무엇보다 우리는 KSR-III 덕분에 새로운 발사체에 도전할 자신감과 용기를 얻었다.

2장
로켓 터를 다지다

우주로 가는 관문

민간 로켓 발사장을 확보하는 것은 로켓 연구자들의 오랜 소망이었다. 군사용 발사장에서 민수용 로켓 시험을 하는 데는 너무 많은 제한이 따르기 때문이다. 무엇보다 미사일 같은 무기류를 쏘는 게 아니냐는 오해를 받을 수 있다.

실제로 과학로켓 KSR 시리즈를 군용 시설에서 발사하는 내내 우리는 각종 제약을 받았다. 평화 용도의 로켓 개발을 변함없이 오래 이어가려면 민수용 로켓 발사장이 있어야 한다. 이는 대외적으로 로켓 개발을 투명하게 추진하는 방법이기도 하다. 로켓 개발의 투명성 보장은 국제사회에서 굉장히 중요한 일이다.

하지만 우리에게는 발사대 건설기술은커녕 어떤 곳이 발사장으로 적합한지 기초 연구도 하지 않던 시기가 있었다. 1991년 나는 이러한 기초 연구부터 시작해야 한다는 생각으로 '발사장 기초 연구'라는 주제로 연구를 기획했다. 당시 발사장 기초 연구를 위해 지원받은 연구비는 1,200만 원이었다.

1990년대 1,200만 원의 가치는 지금보다 훨씬 컸다. 그때는 일반적으로 선임연구원 1인당 연구비 600만 원을 지원했으나 홍재학 항공우주연구소장은 특별히 내게 힘을 실어줬다. 덕분에 연구진은 국내 발사장 기본설계안을 도출하는 등 의미 있는 연구를 수행할 수 있었다.

우주로켓 발사장을 고려할 때 대한민국은 지리적 위치가 그리 좋은 편이 아니지만, 연구진은 주어진 여건 속에서 최적의 장소를 물색하기 위해 후보지를 현지 답사했다. 좋은 집을 구하려면 발품을 팔아야 하듯 좋은 발사장 터를 찾아내기 위해서는 열심히 발로 뛰어야 한다. 더구나 대한민국은 일본과 필리핀을 피해 로켓을 발사해야 하는 까닭에 지리적 위치가 그리 좋은 편이 아니었다. 그럴수록 발품은 더욱 중요했다.

나는 동해안에 있는 경북 경주시 감포에서 울진까지, 지금은 가거도라 불리는 최서남단 소흑산도부터 제주도 모슬포 지역과 최남단 마라도까지, 주말마다 전국 방방곡곡을 답사했다. 발사장 입지 조건에서 중요한 요소는 발사 방향에 따른 시계 line of sight, 안전성, 부지 확장성, 교통·통신·전력 확보 등이다. 이를 고려해 조사한 결과 우리는 제주도 지역에 유리한 요소가 많다는 것을 알아냈다. 우주센터 건설의 초석을 놓은 것이다.

세 가지 조건: 방위각, 안전성, 확장성

우주센터 건립 사업에 본격 착수한 건 그로부터 8년 뒤인 1999년 3월이었다. 우주센터 건립 후보지를 조사하고 있다는 소문이 퍼지자 여러 지방자치단체에서 적극 '러브콜'을 보내왔다. 일부 지역에서는 힘 있는(?) 기관을 동원해 우주센터를 가져가려고 압력을 행사하기도 했다.

다행히 이런 요구들은 쉽게 극복할 수 있었다. 우주센터 위치를 선정할 때는 철저히 과학적인 조건에 따라야 하기 때문이다. 가장 중요한 건 발사 시 발사 '방위각'을 얼마나 확보할 수 있는가 하는 점이다. 방위각이 넓을수록 더욱 넓은 방향으로 로켓을 쏠 수 있다. 지리적 위치가 유리한 미국, 일본 등은 이러한 발사 방위각을 30도 이상 확보하고 있다.

방위각은 발사체 분리부터 폭발까지 여러 상황을 종합해서 설정한다. 발사체가 비행할 때 발사체 전체나 부분체가 사람이 거주하는 지역에 낙하하면 심각한 사고로 이어질 수 있어서다.

만약 이처럼 위험한 상황이 발생하면 중도에 폭파해 사고를 방지한다. 인공위성을 발사하는 우주발사체의 경우 목표 지점까지 비행한 뒤 분리된 단의 낙하 거리가 3,000km 정도까지 갈 수 있으므로 한국은 일본과 필리핀을 고려해 발사 방위각 허용 범위를 설정할 수밖에 없다.

한편, 발사체 비행을 강제로 중단할 경우 발사체가 그 지점에서 바로 낙하하지 않고 관성력 때문에 더 멀리 날아간 지점(순간 낙하점)에 떨어질 가능성도 있다. 이를 사전에 판단하고 폭파 명령을 내리기까지의 시간 지연을 고려하면 폭파 한계선은 순간 낙하점 한계선보다 5도 정도 안쪽으로 설정해야 한다.

발사장 부지를 선정할 때는 '안전성'도 중요하게 고려해야 한다. 로켓은 지상 환경 시험을 모두 통과해 일차로 성능을 검증한 상태지만 실제로는 극한 환경에서 작동하므로 우주 공간에서 계획대로 비행을 실현하는 게 결코 쉽지 않다. 로켓 개발 선진국인 미국, 러시아, 유럽 등도 초기 개발 때는 폭발 같은 발사 실패를 빈번하게 경험했다.

우주센터를 건립할 때는 필요에 따라 시설과 장비를 '확장'할 수 있는지도 따져봐야 한다. 보통 초기에는 우주센터를 저궤도 소형 위성 발사를 목적으로 운영하지만 중장기적으로는 위성의 크기를 키워 중·대형 위성을 발사할 수 있다. 나아가 해외 위성 발사 용역까지로 확대할 수도 있다. 이 경우 우주센터 확장은 불가피하다.

우주센터를 확장하려면 안전 영역을 추가로 확보하고 시설도 늘려야 한다. 운영 초기에는 2km 정도의 안전 반경이어도 큰 문제가 없지만 일단 건설하면 거의 영구적으로 사용하는 시설이므로 장기적 안목에서 확장 가능성이 우수한 지역을 선택하는 것이 타당하다.

발사장 터를 찾아서

1999년 3월 '우주센터 건립 기획 사업'에 착수한 우리는 전국을 돌며 후보지를 조사했다. 앞서 말했듯 우주센터 부지를 선정할 때는 기술적 요건을 갖추는 것이 무엇보다 중요했기 때문이다. 그렇다면 왜 우리는 제주도 지역에 유리한 요소가 많다고 본 것일까?

먼저 경남 통영시 사량도를 보자. 남해안 중동부에 위치한 이곳은 발사 안전성을 확보하기 위해 일본과 필리핀을 피하는 발사 방위각을 설정하면 2도 정도밖에 나오지 않는다. 또 섬 지역이라 용수를 확보하기가 어렵고 건설비가 늘어날 확률이 높았으며 건설 후의 활용도 측면에서도 불리했다. 더욱이 발사 궤도 5~15km 지점에 욕지도, 두미도, 추도 같은 섬이 있어서 안전성 확보에도 양호한 조건이 아니었다.

경남 남해군 상주면 양아리는 남해군 최남단에 위치해 발사 방위각 범위는 2도 정도로 좁은 편이지만 발사 방향으로 안전성 확보는 양호했다. 더욱이 이곳은 광역자치단체에서 강력히 추천하는 지역이었다. 우리는 이곳의 기반 시설 구축 상태가 비교적 양호하고 건설 여건도 유리하다고 판단해 정밀 조사를 수행했다.

경북 포항시 장기면은 구룡포에서 남방으로 10km 떨어진 지역으로 동쪽 발사는 일본 본토 상공을 통과해야 하는 까닭에 설정이 불가능했다. 동북 방향 발사를 고려할 수도 있지만 3단 낙하 영역이 캄차카반도에 간섭을 일으켜 후보지로 검토하기가 불가능한 지역이었다.

울산광역시 강동·주전 지역은 경북 포항시 장기면과 지리적 여건이 매우 유사해 일본과 러시아 영토를 피하는 발사 방위각 설정이 불가능한 탓에 정밀 조사 대상에서 제외했다.

전남 진도군 임회면은 남방으로 발사할 경우 1단 낙하 영역이 남쪽의 추자군도 전 영역에 간섭을 일으키고 제주도 상공을 통과해야 해서 남쪽 방향의 발사 방위각 설정이 불가능했다. 서남쪽으로 발사하는 것을 생각해볼 수 있으나 이것도 중국, 타이완, 필리핀을 피하는 발사 방위각이 매우 협소해 정상 궤도에서 조금만 벗어나도 타국 영토를 침범할 가능성이 컸다. 결국 타 지역에 비해 궤도 운용이 불리한 여건이라 판단해 정밀 조사에서 제외했다.

전남 여수시 삼산면 초도는 남방으로 발사하면 1단 낙하 영역 내에 거문도가 놓이고, 동남향으로 틀어 발사하는 경우 일본과의 간섭을 피하면 10도 정도 발사 방위각 설정이 가능한 지역이다. 그러나 섬 지역이라 인프라 구축이나 효율성 측면에서 타 지역보다 불리한 여건이 많아 정밀 조사에서 제외했다.

전남 여수시 화양면은 설정 가능한 발사 방위각 범위가 8도 정도이고 육지로의 접근이 용이해 발사 궤도 안전성 확보와 확장성 등을 확인하고자 정밀 조사를 수행했다. 그런데 가용면적이 너무 협소하고 지상 안전 확보에 상당한 어려움이 있을 것으로 보였다.

전남 여수시 남면 금오도는 설정 가능한 발사 방위각 범위가 8도 정도로 여수시 화양면과 상황이 비슷했다. 이곳은 섬 지역으로 인프라 구축과 효율성 측면을 고려할 때 유리한 여건이 아니라고 판단해 정밀 조사에서 제외했다.

전남 고흥군 봉래면 외나로도는 설정 가능한 방위각 범위가 15도 정도로 비교적 양호한 조건을 갖추고 있고 육지와 다리로 연결되어 있었다. 또한 발사 궤도에 따른 안전성 확보도 비교적 양호할 것으로 예측해 정밀 조사를 수행했다.

전남 해남군 송지면 어란리는 지역 자체의 인프라 구축, 건설의 편이성 등 조건이 좋았으나 남쪽 방향으로 보길도, 노화도,

외모군도 등 많은 섬이 위치해 안전성 확보에 큰 어려움이 있을 것으로 판단했다. 서남향 발사를 고려할 수도 있으나 진도군 임회면과 유사하게 중국, 타이완, 필리핀을 피해야 하므로 발사 방위각 설정이 어려워 정밀 조사 대상에서 제외했다.

모든 조건을 따졌을 때 애초에 우리가 생각한 최적의 후보지는 제주도였다. 연구팀은 경남, 경북, 전남, 제주의 11개 지역을 분석했는데 그중 내 마음속 1위는 남제주군 대정읍(모슬포) 지역이었다.

가장 큰 이유는 발사 방위각 때문이다. 대정읍은 발사가 가능한 방위각이 30도로 우리나라에서 가장 컸다. 또한 섬이지만 육지로 간주해도 무방할 만큼 교통, 통신, 전력 인프라를 구축하기에 용이한 지역이었다. 대정읍에 우주센터 기지를 두고 남쪽으로 10.5km 떨어진 마라도에 발사대를 설치하면 안전성을 확보할 수 있다는 장점도 있었다.

하지만 지역 주민의 반대가 거셌다. 당시 인근 송악산 지역 일대를 관광단지로 개발하겠다는 민간 사업자의 계획이 있었고, 우주센터가 들어서는 것보다 관광단지로 개발하는 것이 경제적으로 훨씬 유리하리라고 본 지역 주민들은 우주센터 건립을 강하게 반대했다.

중앙정부와 제주도청 고위공무원들이 나서서 주민설명회를 시도했으나 그들은 설명조차 듣지 않으려는 분위기였다. 그들이 지역 중·고교 교문 앞에까지 우주센터 건립을 반대하는 현수막을 내거는 모습을 보고 아쉬웠지만 마음을 돌려야 했다.

고흥에 나로우주센터가 서다

우주센터 부지 후보로 경남, 경북, 전남, 제주도 11개 지역의 입지 조건을 평가한 연구팀은 그 결과를 토대로 전남 고흥군 봉래면 예내리(이하 '고흥군 외나로도')와 경남 남해군 상주면 양아리(이하 '남해군 양아리')를 집중 조사했다.

　우리가 조사 결과를 바탕으로 압축한 두 지역을 보자면 남해군 양아리 지역은 고흥군 외나로도보다 더 개발된 지역으로 주변에 상주 해수욕장이 있어서 2km 이상의 안전 반경을 확보하는데 제한을 받았다. 반면 고흥군 외나로도는 3km 이상의 안전 반경 확보도 가능한 상태였다.

　우주센터 건설을 위한 부지 확보는 해당 지역이 국공유지인지 아니면 사유지인지에 따라 매입 절차와 비용에 크게 차이가 난다. 국공유지는 국가가 정책적으로 결정하기 때문에 비교적 그 절차가 수월하지만, 사유지는 사유재산 수용에 따른 지역 주민과의 마찰과 민원이 발생하는 탓에 어려움이 있다. 고흥군 외나로도는 후보지의 상당 부분이 국공유지라 부지 확보 측면에서도 조건이 유리했다. 남해군 양아리는 120여 가구가 이주해야 했으나 고흥군 외나로도는 40여 가구가 이주해야 하는 상황이었다.

우주발사체의 발사 운용과 장래성을 고려할 때 고흥군 외나로도 지역이 남해군 양아리 지역보다 전반적인 조건이 상대적으로 우수했다. 결국 연구원들은 이곳을 우주센터 위치로 선정하는 것이 타당하다는 의견을 '우주센터추진위원회'에 보고했다.

정부는 2001년 1월 30일 고흥군 외나로도 지역(북위 34.26°, 동경 127.32°)을 우주센터 부지로 확정 발표했다. 이와 함께 우주센터 건설은 한국이 우주기술 선진국으로 진입하려는 국가목표 달성에 박차를 가할 것이며 우주센터에는 우주박물관, 우주체험관 등을 건설해 이곳을 국민에게 꿈과 희망을 주는 과학기술 문화 체험의 장으로 활용할 계획도 밝혔다.

그런데 이처럼 과학적이고 합리적인 결정을 납득하기 어려운 사람도 있었던 모양이다. 흥미롭게도 고흥군 외나로도 지역을 우주센터 부지로 확정한 뒤 몇 가지 에피소드가 등장했다. 뜬금없이 실무책임자인 내 고향이 화제로 떠오른 것도 그중 하나다.

전남 고흥 지역을 우주센터 부지로 확정하자 한 정치인은 입담을 과시하기도 했다. 고흥이 우주센터 부지가 된 것은 이미 옛날부터 예정된 당연한 일이라는 것이었다. 그는 고흥高興이라는 말이 '높이 흥한다'는 뜻이므로 고흥에서 하늘 높이 로켓을 쏘면 반드시 성공한다는 제법 그럴듯한 해석을 내놓았다. 꿈보다

해몽이라더니 해석이 그리 나쁘진 않았다.

과연 내 고향은 왜 화제로 떠오른 것일까? 경남 지역에서 우주센터 유치 의사를 강력하게 밝혔음에도 불구하고 우주센터 부지를 전남 지역으로 확정하자 누군가가 의구심을 제기한 탓이다. 어떤 입김이 작용하지 않았나 싶어 실무책임자의 고향까지 조사한 것이었다. 때는 2000년대 초였고 이는 당시의 지역감정을 반영한 의구심이었다. 물론 이것은 당연히 근거 없는 추측으로 밝혀졌다.

시간이 흘러 발사대를 건설하고 이곳에서 한국의 첫 우주발사체 '나로호'를 발사하면서 고흥군 외나로도 나로우주센터는 많은 국민이 발사 장면을 보기 위해 찾아오는 특별한 관광지로 부상했다. 심지어 제주도에서 제2 발사장 건설 계획이 있는지 문의할 정도로 말이다. 2013년 나로호 발사 성공부터 2022년 누리호 발사 성공까지, 고흥이 계속해서 흥하고 또 흥하기를 응원한다.

3장
협력 파트너를 찾아서

한국형 자력 발사체, KSLV

2002년 11월 28일 KSR-III 발사 성공은 끝이 아닌 시작이었다. 대한민국 우주개발 역사상 최초로 액체연료 추진기관으로 로켓을 쏘아 올렸지만, 다음 목표를 위해서는 그보다 한 차원 높은 수준의 기술이 필요했다. 다시 말해 100kg급 과학위성을 지구 궤도에 올려놓을 수 있는 우주발사체 'KSLV Korea Space Launch Vehicle'를 개발하려면 기술 도약이 절실한 상황이었다. 나로호 프로젝트에 처음 착수할 당시 우리는 프로그램명을 KSLV-I으로 정했다.

　　KSR-III 연구개발이 기술적 난관에 봉착해 처음 예상한 것보다 더 장기간 부진을 면치 못하자 정부는 로켓 개발 전체 현황을 점검하기 위해 전문가 18명으로 실무점검반을 구성했다. 이들은 2000년 7월 두 번에 걸쳐 항우연 로켓 개발 사업을 점검한 뒤 우주발사체 개발 계획을 효율적으로 수행하고 목표를 달성하려면 KSR-III 개발 사업과 KSLV 개발 계획을 수정할 필요가 있다는 결론을 내렸다.

그때 그들이 제시한 것이 KSLV 개념 변경안과 우주발사체 개발기간 변경안이다. 항우연 연구원들 역시 자체 검토를 했고 이를 기반으로 점검반과의 토의를 거쳐 변경안을 도출했다.

이에 따라 KSR-III에서 개발한 가압식 액체엔진을 병렬로 묶어 1단으로 사용하려던 당초 구상은 기술상 실현이 불가능해 직렬 배열 방식Tandem으로 변경했다. 이 방식으로 발사체를 개발한다는 것은 KSR-III용 엔진을 여러 개 묶어 발사하는 형태(KSR-III 응용형)는 기술적 의미가 약하니 엔진 한 개를 사용하는 형태(KSR-III 기본형)만 개발해 발사해보고 바로 KSLV 개발 단계로 진입하자는 뜻이었다.

KSR-III에 적용한 엔진은 터보펌프 방식이 아닌 가압식이었다. 가압식은 연료 탱크와 산화제 탱크 자체에 압력을 가해 연료와 산화제를 연소기에 주입하는 방식이다. 추진제 탱크는 압력을 견디도록 두껍고 튼튼하게 제작해야 하는 까닭에 탱크가 무거워 발사체의 효율이 낮다.

반면 터보펌프 방식은 추진제 탱크와 연소기 연결 부위에 따로 펌프를 단 엔진이다. 이 경우 추진제 탱크에 직접 높은 압력을 가하지 않으면서도 추진제를 고압력으로 연소기로 내보낼 수 있다. 그만큼 탱크를 가볍게 만들고 그렇게 절약한 무게만큼 연료나 위성을 더 실을 수 있다.

혹시 가압식 엔진을 터보펌프 방식으로 개량하려면 오랜 시간이 걸리지 않을까? 전문가들은 머리를 맞대고 기획연구를 했다. 어떻게 하면 제한된 비용과 기간 내에 KSLV-I 개발을 완수할 수 있을까? 그들이 내놓은 조언은 '국제협력'이었다.

대형 국책 연구개발 사업을 수행하려면 사전에 기획연구를 하고 연구개발 사업의 타당성을 검증받아야 한다. 나로호 개발 사업에도 기획연구가 있었는데 그 첫 번째는 2001년 수행한 '한국형 저궤도 위성발사체 개발을 위한 조사 분석 연구'다(연구책임자, 한국과학기술원 홍창선 교수).

이 연구의 목적은 국내 기반 기술과 성공 가능성 등을 종합해 효과적인 발사체 개발 방안을 도출하는 데 있었다. 연구진은 국제협력이 필요한 터보펌프 방식 엔진을 채용한 발사체 개발안(권고안 I)과 KSR-III 엔진을 개량한 국내 개발안(권고안 II)을 비교 분석했고, 결국 터보펌프 방식 엔진을 채용한 국제협력 개발안을 우선 추진하라고 권고했다.

두 번째 기획연구는 2002년 수행한 '우주발사체 추진 전략 및 체제 수립을 위한 조사 분석 연구'다(연구책임자, 한국과학기술원

박승오 교수). 이 연구를 진행한 연구진은 발사체 개발을 위한 인력 보강과 체계 기능 강화를 주문했다. 진행 사업과 후속 사업의 연계성을 확보하기 위한 중첩기간의 필요성도 강조했다. 또한 가용 인력, 국제협력 등을 고려해 충분한 개발기간 설정을 권고했다.

누가 우릴 도와줄까

선진국 우주발사체 개발 사례를 보면 이들은 범국가적 지원 아래 많은 예산과 인력, 시간을 투입해 시행착오를 거듭하며 발전해왔다. 그만큼 여기에 특별한 지름길이 있는 것은 아니다.

크기와 단수에 따라 다르긴 해도 우주발사체는 10만~15만 개의 부품으로 이뤄진다. 이 모든 것을 국산화하는 것은 대단히 비경제적이고 비효율적이며 사실상 불가능한 일이다. 따라서 우주발사체는 국제협력으로 개발하는 것이 지극히 자연스럽고 타당한 일이지만, 우주발사체 자체가 민군 겸용으로 쓰일 수 있어서 국제협력 추진에는 상당한 제약이 따른다.

잘 알려진 것처럼 미국 레이건 행정부는 1987년 4월 '미사일 기술 통제 체제', 즉 MTCR을 구축해 G7을 중심으로 관련 기술의 국제협력과 판매 등을 통제했다. 우리가 우주발사체 개발을 시작하려던 2000년 초에는 MTCR에 따른 통제를 더욱더 강화하고 있었다. 더욱이 한국과 미국 사이에는 MTCR과 별개로 '한-미 미사일 협정'이라는 또 다른 족쇄도 있었다.

이렇듯 우주발사체 개발에 나선 우리에게 국제 환경은 그리 유리하지 않았다. 그래도 2001년 3월 한국이 세계에서 서른세 번째로 MTCR에 가입하면서 국제협력을 위한 분위기는 다소 나아졌다. 물론 MTCR 회원국이라고 해서 MTCR이 규정하는 모든 기술을 자유롭게 주고받을 수 있는 것은 아니지만, 투명성을 높이는 조건으로 제한적이나마 국제사회와 기술협력은 가능했다.

세계에서 우주발사체 기술을 보유한 나라는 러시아, 미국, 프랑스, 일본, 중국, 인도, 이스라엘 정도다. 한국은 즉각 이들 국가에 협력 가능성을 타진했으나 상황은 여의치 않았다.

MTCR을 주도한 미국은 우주발사체 개발 능력을 보유하지 못한 국가에 기술을 제공하는 일에 상당히 부정적이다. 더구나 미국은 미사일 사거리 규제 등으로 한국의 우주발사체 개발에 많은 제동을 걸었고 1997년 이후로는 모든 수출 허가마저 거부했다. 이들은 1970년대에 델타로켓 기술을 일본에 제공한 바 있으나 MTCR 출범 이후로는 타국에 기술을 이전한 사례가 없다.

일본은 세미나, 자문, 자료 교류 같은 개인 차원의 기술 교류는 꾸준히 진행했지만 MOU 등의 체결은 거부하는 입장이었다. 이들은 다른 나라와 기술협력을 공식 추진한 사례가 없었고 우주발사체 기술의 해외 이전은 미국과 같은 정책을 유지하고 있었다.

중국은 우주발사체 개발을 군이 주도하는 탓에 기술협력을 위한 대화마저 원활하지 않다. 우리는 다목적실용위성 2호(아리랑 2호)의 발사체로 창정長征 LM-2C[4]를 선정한 것을 기회로 기술협력 협상을 시도했으나 성사되지 않았다. 더구나 미국의 수출통제 부품을 탑재한 다목적실용위성 2호를 창정 발사체로 발사하는 것은 미국의 중국 제재를 위반하는 것이라 발사용역 계약 자체를 취소할 수밖에 없었다. 당시 미국은 천안문 사태로 인해 중국을 제재하고 있었다. 추진제가 유독성 물질이라는 것도 유리한 조건 은 아니었다.

프랑스는 우주발사체 상업화에 성공한 선두주자로 브라질 과의 협력을 추진했으나 미사일 기술 확산을 억제하려는 미국의 강력한 의지 때문에 협력 추진을 중단하고 일관성 있게 규제를 유지했다. 물론 기술 협의와 자문에는 관심을 보였으나 기술 이 전과 핵심 부품 수출에는 신중한 입장이었다. 그 탓에 KSLV-II 개념설계를 공동으로 수행하고도 그 이상의 진전은 없었다.

인도는 개발도상국 최초로 우주발사체를 개발하고 프랑스, 러시아 등과 기술협력을 추진한 경험이 있다. 특히 인도는 상단 용 극저온 엔진의 하드웨어와 관련 기술을 러시아에서 도입하기

---

4   중국이 개발한 우주발사체. 중국은 이를 이용해 다섯 번째로 독자적인 위성발사국이 되 었다.

위한 과정 중에 MTCR을 위반해 미국의 경제 제재를 받았다. 나중에 이들은 관련 기술을 제외한 극저온 엔진만 도입하는 것으로 계약을 변경했다. 여하튼 인도는 기본적으로 타국과의 기술협력에 부정적이다. 우리는 다목적실용위성 발사용역 선정 과정에서 인도에 기술협력 가능성을 타진했으나 거부당했다.

러시아에서 온 도움

그 어려운 시기에 우리에게 최적의 선택지는 러시아였다. 마땅한 상대를 찾기 어려운 상황에서 우리는 러시아를 검토했고 협력 가능성이 크다고 판단했다. 실제로 러시아는 MTCR 체제 아래서도 인도와 기술협력을 추진했으며 발사체 기술을 상업화하려는 의지도 매우 컸다.

기술 측면에서 러시아는 우주개발 초기부터 미국과 함께 우주개발의 한 축을 담당했고, 특히 추진기관(액체엔진) 부문에서 세계 최고 기술력을 보유해 미국이나 프랑스도 러시아 엔진을 구입해 활용하는 실정이었다. 이처럼 보유한 기술의 다양성, 국내외 상황, 기술 이전 경험과 의지 등을 고려하면 우리에게는 러시아가 우주발사체 분야에서 최적의 기술 협력국이었다.

기술협력을 본격 논의하려면 정부 간 합의가 필요했다. 우주발사체가 지닌 특수성 때문이다. 이에 따라 2001년 5월 30일 당시 유희열 과학기술부 차관과 러시아 항공우주청(현 러시아 연방 우주청, ROSCOSMOS) 유리 코프테프 청장이 만나 기술협력을 위한 기본적인 양해각서MOU를 체결했다. 이어 우리는 '위성발사체 개념설계' 연구, '발사체 구성에 따른 추진기관 시스템 분석' 연구 등을 수행하면서 구체적인 기술협력 내용과 범위를 검토했다.

우리가 러시아와의 협력으로 확보하고자 한 1순위는 발사체 시스템 기술이었다. 우리는 러시아와의 협력을 추진하면서 어떤 기술을 확보하는 게 가장 효과적이고 유익한지 검토했는데, 역시나 발사체 시스템 기술을 가장 우선해야 한다는 데 의견이 모였다. 러시아가 보유한 모든 기술을 한 번에 다 이전받을 수 있으면 더 바랄 것이 없겠지만, 이는 현실적으로 불가능하기에 중점 목표를 정한 것이다.

엔진기술은 기술 이전 협력 대상에서 원천 제외하는 탓에 간접적인 방법으로 접근하는 전략이 필요했다. 우리는 러시아의 엔진 회사와 접촉해 협력 가능성을 타진했고 결과는 성공적이었다.

나아가 러시아는 아예 발사체 시스템과 발사대를 포함한 지상 장비를 공동개발하는 종합적인 협력체계를 구축하자고 제안했다. 발사체 관련 기술과 물품 수출은 국제사회에서 엄격히 통제하는 탓에 기술 이전을 포함한 협력은 불가능하다. 따라서 한국과 러시아가 새로운 발사체를 공동개발하는 협력 방안이 최선이자 유일한 방법이었다. 우리는 러시아 측 제안을 수용했다.

다음 고민은 어떤 회사와 손을 잡을 것인가 하는 문제였다. 러시아의 대표적인 발사체 체계종합[5] 기업으로는 흐루니체프와 에네르기야가 있었다. 그동안 군용 발사체 개발에 주력해온 흐루니체프는 최근 군용 발사체 상용화에서 큰 실적을 보였고, 더구나 러시아 차세대 주력 발사체인 '앙가라Angara'를 개발했다. 이들은 러시아 정부에 협력하면서 사업을 추진했고 에네르기야와의 경쟁에서 우위를 점하고 있었다.

에네르기야 역시 발사체 개발 경험이 많았으나 근래에는 위성발사체보다 유·무인 우주 프로그램에 주력했으며 지난 20여 년간 새로운 발사체를 개발한 경험이 없었다. 여기에다 1993년 흐루니체프가 에네르기야의 발사체 설계국Salyut을 흡수했기 때문에 우리는 흐루니체프를 최적의 우주발사체 기술협력 대상기관으로 판단했다.

그러나 일은 우리의 기대대로 돌아가지 않았다. 기술 측면만 보면 상황은 아주 명쾌했으나 비전문가의 음흉한 욕심과 영향력 행사로 에네르기야를 협력 대상기관으로 선정하라는 압력이 들어왔다. 기술 관점에서 도저히 받아들일 수 없는 일을 막무가내로 하라고 하니 기가 막힐 노릇이었다. 우리가 실무자로서 절

---

5   장비 체계의 여러 세부 계통을 결합해 최적의 성능을 구현하기 위한 종합 기술을 말한다.

대 수용할 수 없다고 버티자 사업을 죽일 수도 있다는 협박까지
했다.

이는 우주발사체와 아무 관련이 없는 사업가가 권력 실세에
게 청탁해 부정한 힘으로 이득을 취하려는 못된 욕심에서 비롯된
일이었다. 우리가 이를 수용하지 않으면서 이 일은 러시아 내에
서도 문제로 떠오르기 시작했다.

러시아 내부의 우여곡절은 잘 모르겠지만 마침내 러시아 정
부는 2003년 7월 행정명령으로 KSLV-I에 관한 항우연-흐루니
체프 간 공식 협력을 승인했다. 러시아 연방우주청은 2004년 4월
19일 '러시아 정부는 KSLV-I 사업의 공식 협력 기관이 흐루니체
프인 것을 확인한다'는 내용의 서한을 항우연으로 보냈다.

비록 이런저런 굴곡을 겪었지만 우리는 흐루니체프를 협력
대상기관으로 선정하고 정부 차원 협상 5회, 계약 당사자 간 실
무협상 16회를 진행한 뒤 2004년 10월 26일 KSLV-I 한-러 협력
계약을 체결했다. 나로호 프로젝트를 본격 가동하기 시작한 뜻깊
은 순간이었다.

흐루니체프, 에네르고마시, KBTM

우리는 러시아 3사와 한국우주발사시스템 KSLS Korea Space Launch

System를 공동 개발한다는 계약을 맺었다. KSLS는 발사체와 지상 장비(발사대 포함)를 포괄하는데 흐루니체프는 주계약자로 체계(시스템)를 담당하고 에네르고마시는 엔진을, KBTM(운송장비설계국)은 지상 장비를 담당하는 것으로 업무를 분장했다.

앞서 말한 것처럼 발사체 관련 기술과 물품 수출은 국제사회에서 극력 기피하거나 통제하기 때문에 기술 이전을 포함한 협력은 불가능하다. 따라서 한-러 공동개발 개념으로 협력해 새로운 발사체를 개발하는 것이 유일한 방법이었다. 어디까지나 공동개발 방식이므로 우리는 업무를 공동 담당 부분, 한국 담당 부분, 러시아 담당 부분으로 나눴다.

사실 러시아 측이 담당하기로 한 '발사 시 기술 지원과 책임' 부분은 내용이 조금 특별하다. 좀 더 정확히 말하면 그것은 '계약서에 명시한 2회 발사 가운데 한 번이라도 실패하면 우리의 요청에 따라 1회에 한해 무상으로 재발사를 수행한다'는 내용이다.

1회 무상 재발사는 우리에게 대단히 유리한 조건이었다. 다른 나라 로켓을 빌려 우리나라 위성을 쏘는 것처럼 우리 돈을 주고 발사 서비스를 맡기더라도 만에 하나 발사가 실패할 경우 발사 서비스 회사는 배상책임을 지지 않는다. 세계 시장 관행은 발사 서비스를 의뢰한 쪽에서 보험에 가입해 실패에 대비하는 것이다. 러시아와 무상 재발사 약속을 맺은 것은 당시 한국이 최초였다(이는 나로호가 두 차례 발사 실패 이후 3차 발사에 도전하는 데 큰 힘을 주었다).

러시아에 돈을 얼마나 줄 것인가도 어려운 협상 과제였다. 국제협력 대가로 치르는 비용이 마트의 물건처럼 시장가격이 형성돼 있는 게 아니기 때문이다. 협상에서 돈을 내는 쪽과 받는 쪽의 입장이 다른 것은 당연한 일이고 우리가 협상을 유리하게 이끌려면 상대의 약점을 이용해야 했다.

우리는 러시아가 경제위기에 빠진 상황을 이용했다. 빨리 계약하고 싶은 조급함을 조금도 내색하지 않고 최대한 시간을 끌면서 상대의 양보를 유도한 것이다. 그 결과 협상 초반 러시아가 제안한 9억 2,500만 달러(당시 원화로 1조 961억 원)에 비해 훨씬 저렴한 비용인 2억 1,000만 달러(당시 원화로 약 2,488억 원)에 계약했다.

호주 APSC

호주 인공위성 발사업체 APSC Asia Pacific Space Centre 의 권호균 사장은 대전 출신으로 국내에서 대학을 졸업하고 1984년 호주로 이민을 가 청소용역과 건물내장 공사업 등으로 8년 만에 백만장자가 된 입지전적 인물이다. 그는 1992년 인공위성 발사장 건설을 추진하던 호주기업 APSC에 수십만 달러를 투자한 데 이어 1997년에는 APSC를 완전히 인수했다.

APSC를 인수한 권 사장은 호주령 크리스마스섬에 로켓 발사장을 건설하는 한편 러시아 소유즈를 개량한 '오로라' 발사체를 개발해 인공위성 발사를 대행하는 사업을 추진했다. 이를 위해 그는 2000년 2월 러시아 항공우주청과 오로라 발사체를 이용한 사업 협력 계획에 합의했으나 이는 2005년 3월 계약기간 만료로 중단되었다. 그가 호주 정부로부터 크리스마스섬 500만 평을 무상 임대받은 시기는 2002년 9월이다. 그는 2004년 10월 준공을 목표로 발사장 건설을 추진했지만 2005년 6월 당시 지반공사만 50% 정도 진행하다 중단한 상태였다.

　　2004년과 2005년 권 사장은 한국 정부에 대형 로켓 기술과 발사장 경영권을 확보하라고 제안했다. 이에 정부 조사단은 2005년 2월 호주 현지를 직접 방문해 조사에 들어갔다. 왜 이런 의사결정을 했고 여기에 어떤 이유가 있었는지 알려진 것은 없지만 정부 조사단이 호주 현지까지 간 것은 비정상이라는 생각이 든다.

　　여하튼 종합적으로 검토한 결과 APSC의 적극적인 노력에도 불구하고 오로라 발사체 사업은 충분한 투자액과 발사 수주를 확보하지 못했고 러시아 회사와의 협력이 중단되는 등 사업 추진이 부진했다. 그런 이유로 조사단은 APSC가 한국 정부에 제안한 ① 오로라 로켓을 이용한 한국형 대형로켓 조기 개발 ② 한국이 경영권을 확보한 적도상의 발사장 확보는 전반적으로 타당성이 부족해 현시점에서 고려할 필요가 없는 것으로 판단했다. 러시아 발사체 기술 이전이 어렵고 호주 정부의 지원도 소극적이라 한국 정부가 상업적 투자사업에 참여하거나 이를 지원하는 것은 곤란하다는 이유였다.

이 같은 결론이 나오기까지 권호균 사장은 러시아 연방우주청의 메드베치코프 부청장, 에네르기야의 세메노프 사장과 함께 한국 정부 장관·장관급 인사·국회의원·청와대 고위인사를 접촉하고 다녔다. 2004년 8월 11일 권 사장은 메드베치코프 부청장에게 편지를 보냈는데 그 내용을 요약하면 다음과 같다.

- 지난주 본인은 APSC와 한국 정부의 우주 사업을 다루고자 한국의 장관을 만났음.
- 장관과 본인은 KSLV 사업과 APSC 사업 간의 잠재적 시너지를 논의했음.
- 본인은 한국 정부가 KSLV 사업을 계속 진행하도록 추가로 상업적 시너지와 경제적 타당성을 찾고 있음을 인식했음. 결론을 말하자면 한국 정부는 9월 7일 모스크바에서 개최할 예정인 정상회담 동안 KSLV와 관련해 러시아 상대방과 서명할 계획이 없음.
- 장관은 한국의 폭넓은 우주 프로그램과 관련해 KSLV와 APSC 사업 간에 중요한 잠재적 시너지가 있으며 두 사업의 강력한 연계가 중요하다는 의견을 피력했음. 따라서 한국 정부는 APSC 사업에 직접 투자할

것임.

• 장관은 호주 정부의 재정 지원에도 불구하고 러시아 정부나 파트너 회사(에네르기야)의 APSC 투자가 부족하다는 데 관심을 보였고, 러시아가 이 사업에 투자하지 않으면 한국 정부가 APSC에 투자할 명분을 찾기가 어려울 것이라고 느끼고 있음. 러시아의 투자는 한국 정부가 이 사업과 관련해 러시아 정부와의 공식 실무관계를 발전시키는 메커니즘을 제공할 것임.

• 장관과 토의한 결과 한국 정부는 KSLV와 APSC 사업 성공이 서로 연결되어 있다고 여기며, 러시아 정부가 APSC에 투자 의지를 표명하는 것은 한국 정부가 이 사업 계획에 투자하는 일에 필수적인 것으로 보임.

• 가능한 한 빠른 시일 내에 당신이 한국 방문 계획을 수립해 장관이나 그 이상의 한국 정부 관계자와 협의하는 게 좋을 것임. 본인은 기꺼이 협의를 주선할 것이며 정상회담에 맞춰 서로 유익한 결론에 도달하고 KSLV와 APSC 사업에 관해 상호합의에 이르도록 일할 것임.

러시아 연방우주청 페르미노프 청장은 흐루니체프에 이 편지의 사실관계 확인을 지시했고(2004. 8. 17.) 흐루니체프의 쿠즈네초프 제1부사장은 주러시아 한국대사관을 방문해(2004. 8. 18.) 편지 내용의 사실 여부를 문의했다. 대사관 담당관은 편지가 한국 측의 공식문서가 아니라는 것과 한국 정부는 정부 간 '우주기술 협력 협정'을 매우 중요하게 생각한다는 것을 설명했다(2004. 9.

21. 협정 체결).

　　이런 상황에서 러시아 연방우주청의 메드베치코프 부청장은 에네르기야를 두둔하고 흐루니체프는 깎아내렸다. 심지어 그는 한국 대통령이 러시아를 방문할 때 가볼 예정이던 흐루니체프 방문을 취소하길 요청하는 등 납득하기 어려운 처신을 했다. 하지만 한국 대통령은 흐루니체프를 방문했고 얼마 지나지 않아 메드베치코프는 해임되었다.

정치 · 외교 작업

우주발사체 분야에서 국제협력을 추진하려면 정치 · 외교 관점에서 선결해야 하는 사항이 있다. 바로 비밀 유지 협정Non-Disclosure Agreement, NDA, 우주기술 협력 협정Inter-Governmental Agreement, IGA, 우주기술 보호 협정Technology Safeguards Agreement, TSA이 그것이다.

　　비밀 유지 협정은 양국 계약 당사자가 서로 대화하기 위한 기본 협정으로 상호 제공한 정보의 대외 공개와 다른 목적으로 전용하는 것을 금지하는 내용을 담고 있다. 항우연과 러시아 흐루니체프 · 에네르고마시 간의 비밀 유지 협정은 2002년 6월 체결과 동시에 발효되었다.

　　우주기술 협력 협정은 우주의 평화적 이용을 도모하려는

한-러 정부 간 협정으로 우주 분야에서 양국 간 우호협력과 경제 협력 증진을 위한 기반 조성을 목적으로 한다. 그래서 양국 간 우주 분야 협력을 위한 협력 대상과 형태를 기술하고 있다. 나아가 지적재산권, 수출 통제, 통관 문제 등 구체적이고 실용적인 내용도 담고 있다.

우주발사체처럼 첨단 군사 무기로 전용할 수 있는 민감한 기술은 국제적인 기술 이전과 협력을 엄격히 통제하기 때문에 협력에 따른 정부 간 보장과 보증이 필수다. 결국 한-러 간 우주기술 협력 협정 체결은 우주개발을 향한 양국의 의지를 드러내는 동시에 두 나라가 우주 분야 협력을 정부 차원에서 상호 보장한다는 것을 보여주는 셈이다. 이는 양국 간 협력이 평화적 목적으로만 이뤄지며 기술협력 결과를 상대국 동의 없이 제3국으로 이전하지 않는다는 것을 대외적으로 천명하는 일이기도 하다. 한마디로 여기에는 우주개발을 투명하게 하겠다는 대한민국 정부의 뜻을 국제적으로 선언하는 의미가 있다.

이 협정은 실무교섭 과정을 거쳐 당시 노무현 대통령이 러시아를 공식 방문 중이던 2004년 9월 21일 한국 과학기술부총리와 러시아 연방우주청장 간에 체결했고 양국 국회의 비준 동의를 받아 2006년 9월 발효되었다.

우주기술 보호 협정은 우주기술 협력 과정에서 상호개발하거나 이전하는 기술 자료와 기자재 등을 평화적으로 이용하고 제

3국으로 유출되는 것을 방지하기 위한 정부 간 기술 보호 실행협정 성격을 띤다. 실제로 우주발사체에 사용하는 부품과 기술은 군사용으로 전용 가능한 이중용도 품목으로 MTCR 등 국제적인 다자간 통제 규범을 적용받는다.

한-러는 우주기술 협력 협정에 MTCR 준수 등 기술 보호 내용을 이미 반영하고 사업자 간 계약서에도 그 내용을 반영했지만, 발사체 1단처럼 민감한 품목을 국내로 이송하는 것이라 기술 보호의 세부 내용과 절차를 놓고 협정 체결이 필요했다. 양국은 미국·캐나다·러시아 사이의 협정, 미국과 러시아 사이의 협정 등 선례를 참고해 실무 문안 협상을 거친 뒤 2006년 10월 협정을 체결했고 양국 국회의 비준 동의를 받아 2007년 7월 협정이 발효되었다.

한-러 기술 협력으로 우주발사체를 개발하려면 우주기술 보호 협정이 필요하다는 사실은 협상 초기인 2002년 러시아 연방우주청의 설명으로 이미 인지하고 있었다. 그때는 하드웨어 인도 시 우주기술 보호 협정이 필요하다는 것이었다. 그런데 2기 집권을 시작한 푸틴 대통령이 2004년 12월부터 러시아의 우주기술 보호 정책을 강화하면서 설계 자료나 도면을 한국에 인도할 때도 동 협정이 필요하다는 쪽으로 입장이 바뀌었다.

그런데 이 내용이 '러시아가 당초 기술 이전을 약속했다가 우주기술 보호 협정을 핑계로 기술 이전을 거부했다'고 세상에 잘못 알려지면서 국회와 언론이 들끓었다. 이는 이해 부족에서 비롯된 것으로 사실이 아니었기에 연구원들은 계약서를 들고 국회를 찾아가 그들이 오해하는 부분을 해명했다.

그렇게 오해를 풀고 지나갔음에도 불구하고 아직도 러시아가 당초 입장을 바꾸는 바람에 기술 이전을 받지 못했다고 말하는 사람을 간혹 만난다. 인터넷 발달로 소통 채널이 다양화하면서 보고 싶은 것만 보고 믿고 싶은 것만 믿는 사람이 늘어나 가짜 뉴스가 활개를 친다더니, 왜곡된 시선이 참으로 안타깝다.

어쩌면 보호 협정에서 규정하는 '보호 품목'이라는 용어의 부정적 이미지가 이런 오해를 불러일으키는지도 모른다. 현실을 말하자면 러시아가 개발한 보호 품목(물품, 설계 자료와 도면 포함)을 한국 영토로 들여올 때 러시아 측이 직접 관리할 수 없어서 보호를 요청하는 것뿐이다. 설령 보호 품목일지라도 그 품목과 관련된 기술 검토 회의, 설계 자료 분석, 실무협의 등을 거쳐 상호 기술을 교류해야 일을 진행할 수 있다. 더욱이 발사체의 체계종합과 발사 운용 작업은 한-러 공동 수행 작업으로 그 과정에서 우리는 자연스럽게 기술을 습득했고 그 기술을 한국형발사체(누리호) 개발에 사용하고 있다.

아무튼 수많은 우여곡절 끝에 비밀 유지 협정, 우주기술 협력 협정, 우주기술 보호 협정을 체결하고 이것이 발효되면서 우리는 우주발사체 개발을 위한 한-러 간 기술협력의 정치·외교적 기반을 구축했다.

공동설계팀 탄생

러시아와 계약을 체결한 뒤 우리는 공동설계팀을 구성해 발사체 개발에 본격 착수했다. 구체적으로 보면 0팀은 사업관리와 총괄, 1팀은 발사체 구성과 체계종합, 2팀은 발사체 임무설계와 비행종단 시스템, 3팀은 비행 안정성, 4팀은 하중과 구조 설계, 5팀은 제어 시스템, 6팀은 탑재 측정 시스템, 7팀은 추진기관, 8팀은 열과 화재 안전 시스템, 9팀은 지상 장비, 10팀은 시험, 11팀은 신뢰성과 안전성, 12팀은 환경과 생태학적 안전을 담당하는 것으로 구성했다.

러시아와 공동 작업을 진행하려면 양측 전문가들이 한곳에 모여야 하는데, 초기 설계 단계에는 우리가 러시아의 많은 전문가를 만나야 해서 우리가 러시아를 방문하는 것이 효율적이었다. 반대로 우리 우주센터에서 시험하거나 시설을 구축하고 검증하는 단계에는 러시아 전문가의 방한이 필수였다.

2005년 2월 우리는 연구원들이 러시아에서 효율적으로 업무를 수행하도록 모스크바 흐루니체프 본부 근처에 현지사무소를 개설했다. 그곳은 흐루니체프 소유의 건물로 1층과 2층 250평

정도를 사용했는데 사무실 5개, 회의실 2개, 간이식당 겸 휴식 공간, 러시아 측 사업관리 사무실 등으로 구성했다.

우리 연구원들은 현지사무소에서 시스템 설계와 상세설계를 공동 수행하며 발사체 1단·2단의 인터페이스 조율과 형상 관리, 진도 점검과 관리, 러시아에서 수행하는 하드웨어 제작과 시험 참관 등의 업무를 수행했다. 그렇게 2005년 2월부터 2012년 9월까지 모두 120여 명의 연구원이 모스크바로 파견을 나갔다.

4장
모스크바에서 고흥까지

13개 공동설계팀

모스크바의 2월은 한낮에도 기온이 영하에 머물 정도로 혹독했다. 2004년 KSLV-I(나로호)에 관한 한-러 기술협력 계약을 체결한 뒤 이듬해 2월 우리는 흐루니체프가 제공한 건물에 현지사무소를 열었다. 날씨도 음식도 모든 것이 낯선 러시아에서 안정적으로 연구에 매진하기 위해 보금자리를 마련한 것이다.

KSLV-I 기술협력 계약 이후 한국과 러시아는 두 나라의 전문인력을 합쳐 공동설계팀을 꾸렸다. 공동설계팀은 앞서 말했듯 전공에 따라 모두 13개 팀으로 구성했는데, 우리가 러시아에 현지사무소를 연 것은 초기 설계 단계에서 이들의 업무 효율을 높이기 위한 전략이었다.

공동 작업을 진행하려면 양측 전문가들이 한곳에 모여야 한다. 시설을 구축하는 단계라면 러시아 측에서 방한하는 것이 필수지만 초기 설계 단계에는 러시아 전문가가 최대한 많이 참여하도록 우리가 러시아에 머무는 것이 유리했다.

우리 연구원들은 현지사무소에서 러시아 전문가들과 시스템 설계와 상세설계를 공동 수행하며 기술협력에 본격 돌입했다. 우선 발사체 1단·2단의 인터페이스를 조율하는 기술과 형상을 관리하는 기술을 배우고 발사체의 하드웨어를 제작·시험하는 과정을 참관했다.

2005년 2월부터 2012년 9월까지 나를 비롯해 현재 한국형 발사체(누리호) 개발의 총괄책임을 맡고 있는 고정환 당시 선임연구원 등 120여 명의 연구원이 모스크바 현지사무소로 파견됐다.

모스크바 현지사무소는 국제협력 사업을 관리하는 중요한 창구이기도 했다. 한국은 러시아의 3개 회사 흐루니체프, 에네르고마시, KBTM과 함께 KSLV-I 발사체 시스템과 지상 장비를 개발하기로 한 상태였다.

하지만 구체적인 협력 범위를 정하기 위해서는 추가 협상이 필요했다. 특히 한국처럼 공동 개발 방식으로 관련 기술을 습득하려 할 때는 어떤 기술을 어떻게 협력할지 그 협력 범위를 전략적으로 선택할 필요가 있었다.

앞서 이야기했듯 우리는 KSLV-I 개발 과정에서 업무를 세 파트로 나눠 업무를 공동 담당 부분, 한국 담당 부분, 러시아 담당 부분으로 나눴다.

우선 발사체 시스템 설계, 체계종합, 한국 내 지상종합 시험, 발사 운용, 정기적인 기술 회의와 현안 협의는 공동 업무로 규정했다. 한국 업무는 2단 고체 킥모터kick motor 개발, 노즈페어링 개발, 탑재용 항법제어 시스템 개발, 원격측정 시스템 개발, 지상 장비 제작과 조립, 발사장 인프라 구조물 구축 등이었다. 그리고 기술 자료 분석, 제작·시험 과정 모니터링으로 핵심기술을 습득하는 권리는 한국에 있었다. 러시아 측 업무는 1단 개발, 한국 측 시공 설비 감리와 검증, 발사 시 기술 지원과 책임, 발사 시스템 개발을 위한 기술 지도와 발사 운용 교육 등으로 규정했다.

러시아 로켓과는 다른 나로호 1단

모스크바에 한-러 공동설계팀을 위한 현지사무소를 연 2005년, 협력사 흐루니체프의 살류트 설계국에서는 나로호(KSLV-I) 1단에 들어갈 부품 설계를 막 시작하고 있었다. 산화제 탱크와 연료 탱크, 주엔진 등이 들어간 나로호 1단 동체 개발은 러시아의 극비 기술이라 삼엄한 경비 속에서 설계를 추진했다.

나로호 1단 설계는 흐루니체프의 발사체인 앙가라와 비슷하면서도 달랐다. 개발에 참여한 살류트 설계국의 실장 이고르 게오르기예비치 올레닌은 나로호 1단을 두고 "특별하다"고 여러 번 강조했다.

그 대표적인 것이 1단의 전방 동체부였다. 나로호 1단은 크게 5개 부분(전방 동체부, 1단 탑재체부, 산화제 탱크부, 엔진을 포함한 연료 탱크부, 공력핀을 포함한 후방 동체부)으로 구성했는데 전방 동체부는 앙가라와 달리 특별 복합소재로 설계했다.

올레닌은 "전방 동체부의 내벽과 외벽을 탄소 플라스틱으로 제작하고 그 사이에 알루미늄 벌집 구조물을 설계했다"라고 밝혔다. 발사체 부품과 조합체가 영하 200°C에서 최고 1,000°C에 이르는 다양한 온도 범위에서 오작동을 일으키지 않도록 1단의 소재를 업그레이드한 것이다.

나로호 1단에는 산화제 탱크와 연료 탱크의 제3 사분면에 탄소 플라스틱 덮개(카울)도 추가했다. 탱크 외벽을 따라 지나가는 발사체 전력 통신케이블과 유공압 라인을 공기 마찰로부터 보호하기 위해서다.

살류트 설계국은 1단의 구조 설계에 맞게 다양한 조립 장치(어셈블리)들도 개발했다. 가령 지상 케이블과 파이프라인을 발사체에 탑재한 부품들과 연결해주는 조립 장치, 발사체 1단·2단의 전력과 유공압 라인을 연결해주는 조립 장치 등을 나로호 맞춤형으로 설계했다. 그 제작은 블라디미르주 코브로프시에 있는 흐루니체프의 지사 아르마투라 설계국이 맡았다.

조립한 1단에는 외부 단열을 위해 열 차단 코팅 기술을 적용했다. 또한 1단에 사용한 금속 부식과 표면의 정전기를 방지하기 위해 전도성 에나멜로 금속 표면과 틈새를 코팅하고, 열·정전기를 차단하는 백색 도료로 한 번 더 코팅했다.

그 과정에서 한국 연구팀은 발사체 소재나 보호 목적으로 사용한 화학물질들을 국내 화학물질로 대체하는 연구를 진행했다. 러시아의 화학물질을 한국으로 들여오기가 어려웠기 때문이다. 그렇게 대체한 화학물질 중 일부는 실제로 한국에서 발사체 시험을 준비하며 기체에 사용하기도 했다.

나로우주센터 건축 공사

나로우주센터 건축 공사를 본격 진행한 2005년 여름은 별다른 태풍 피해 없이 순탄하게 지나간 고마운 여름이었다. 덕분에 그해 겨울부터 전남 고흥군 외나로도 부지에 나로우주센터의 주요 시설이 윤곽을 드러냈다. 2001년 1월 부지 선정을 마치고 2003년 3월부터 토목공사를 진행한 땅에 드디어 각종 기계 설비가 자리를 잡기 시작한 것이다.

나로우주센터는 다도해를 바라보는 외나로도 오른쪽 산기슭에 발사대를 두고 가운데 산등성을 따라 내려오면서 차례로 조립동, 광학장비동, 발사통제동이 있고 왼쪽 정문 입구에 우주과학관을 두는 구조로 설계했다. 총면적 550만㎡(약 166만 평)로 각 시설이 기능을 잘 발휘하도록 지형을 충분히 활용하면서 진입도로와의 연계성이나 혹시 모를 해일의 파고 영향까지 고려한 설계다.

　　특히 우주센터의 핵심 시설이라 할 수 있는 발사대는 해발 390m인 마치산 허리를 잘라내 세웠다. 발사장 부지는 4만 7,353㎡(약 1만 4,300평)이고 발사대는 지하 3층, 지상 2층 규모다.

　　발사대를 배치할 때는 발사 방위각은 물론 추진제가 폭발할 가능성에 대비해 안전 반경도 충분히 확보해야 한다. 마치산 부지는 발사 방향이 남쪽으로 향하고 뒷면은 산으로 둘러싸여 유리한 조건이었다. 발사 방위각은 1단 낙하지점이 제주도, 3단 낙하지점이 인도네시아에 영향을 주지 않아야 하는데 그것이 제한된 범위에서 가능했다.

　　발사대를 비롯한 지상 설비 설계는 발사체 1단과 마찬가지로 러시아가 맡았다. 한국은 우주센터 같은 지상 장비를 구축해본 경험이 없어서 이 분야에 경험이 많은 외국업체의 기술 지원이 필요했다. 논의 끝에 설계는 러시아가, 건설은 한국이 담당하는 것으로 합의했다.

발사대는 나로우주센터의 여러 시설 가운데서도 착공이 가장 늦었고 진척도 느렸다. 나로호 발사 운용을 위한 기본 인프라인 주요 발전기, 무정전 전원 공급 장치 등 전기통신 장비와 터보냉동기 같은 기계장비는 2006년 말 이미 설치를 완료했으나 발사대와 조립동 등의 핵심 시설 상세설계는 러시아로부터 2007년에야 전달받았다.

발사대는 발사체 개발과 밀접한 관련이 있어서 발사체의 기본설계를 진행한 후에야 발사대 설비를 구축할 수 있다. 그런데 우주기술 특성상 러시아의 모든 기술문서는 국외 반출 전에 정부의 허가를 받아야 했다. 발사 날짜가 정해진 상태에서 하루하루 시간이 무심하게 흘러가자 한국 측 전문가들은 애가 탈 수밖에 없었다. 하지만 러시아 정부의 수출 허가 절차는 우리가 속을 태우든 말든 매우 까다롭게 이뤄졌다.

결국 2006년 10월 한-러 정부가 우주기술 보호 협정을 체결하고 같은 해 12월 우주기술 보호 계획TSP 협상을 완료한 후, 2년여의 기다림 끝에 러시아로부터 상세설계 문서가 도착했다. 총 2만 1,000쪽이 넘는 방대한 분량의 상세설계 문서는 부피가 어마어마해서 옮기는 것조차 힘들 정도였다.

나로우주센터의 발사장을 설계하는 일은 러시아의 베테랑 전문가들에게도 쉽지 않은 도전이었다. 해당 부지가 산 중턱에 위치해 발사대 면적이 협소했기 때문이다.

발사체를 발사할 때는 후폭풍으로 인해 수증기가 연기처럼 뿜어져 나오므로 화염유도로를 건설해야 한다. 화염유도로는 보통 발사패드[6] 아래 약 17m 깊이에 위치한다. 러시아 전문가들은 초기에 화염유도로를 발사패드 아래에 수평으로 둘 것을 제안했다. 실제로 해외 발사장은 대부분 수평 방식으로 설계했다.

그런데 나로우주센터는 화염유도로를 수평으로 제작할 경우 추진제가 해안가로 흘러가 발사 혹은 발사 준비 시 바다가 오염될 우려가 있었다. 더구나 해외 발사장들은 부지가 넓어 수평 화염유도로를 둘 수 있지만 산을 깎은 절벽에 들어선 나로우주센터 발사장은 공간이 부족했다.

우리 연구진은 화염유도로를 수평 방식이 아닌 완만한 'U' 모양으로 설계할 것을 제안했다. 이는 만에 하나 추진제가 유출되더라도 바다로 흘러가는 것을 막고 또 좁은 발사대를 효율적으로 사용하기 위해서였다. 러시아가 여기에 동의하면서 나로우주센터의 화염유도로는 U 모양으로 설계했다. 이는 해외 발사장들과 다른 나로우주센터만의 특징 중 하나다.

러시아 기술을 한국 지형에 맞게 수정하는 공동 작업은 한동안 이어졌다. 발사패드에서 발사체가 기립하는 방식도 제한적인 발사대 면적에 따라 새로 바뀌었고 발사대 높이도 당초 설계

---

6   발사대의 맨 아랫부분. 발사체를 안전하게 지지하고 발사체에 추진제와 각종 가스를 공급하는 역할을 한다.

인 107m에서 110m로 수정했다. 발사대 면적과 발사장 확보를 위한 발파량 등을 고려해 공사 기간과 예산을 최대한 절약하기 위해서였다.

한번은 우리가 발사장 건설에 사용하기로 한 고강도 콘크리트 재료를 보더니 러시아 측이 더 강도 높은 콘크리트로 바꿀 것을 제안했다. 여러 차례 발사해본 그들의 경험에서 나온 제안이었다. 또한 우리는 발사체에서 나오는 화염이 발사대 설비에 가하는 피해를 최소화하기 위해 발사체 이륙 직후 수 초 동안 발사체가 급격한 각도로 방향을 바꾸는 회피기동을 하도록 설계했다.

이처럼 한국과 러시아 전문가들은 발사체 요구 조건과 한국의 현실을 고려해 초기 설계를 변경했고, 서로 부족한 부분을 보완·협력하며 발사장 시스템 설계를 4개월 만에 완료했다. 당시 발사장 시스템 설계를 4개월 만에 완료한 것은 이례적으로 아주 빠른 속도였다.

러시아 소재 · 부품 국산화하기

다음 미션은 러시아가 설계한 발사장을 한국 원자재와 부품으로 건설하는 일이었다. 러시아는 오랜 기간 사용하며 검증한 러시아 측 원자재와 부품에 익숙했다. 따라서 이를 한국산으로 대체한 뒤 러시아 전문가들에게 설명하고 동의를 얻어내는 과정이 결코 쉽지 않았다.

제작기간을 고려하면 필요한 원자재와 부품을 발주하는 일이 시급했고 이를 위해 대체품도 조속히 결정해야 했다. 한데 혹시라도 부품들이 오작동하면 그것이 시스템 전체에 영향을 줄 수 있었다. 이 경우 대체품을 승인한 러시아도 책임을 져야 했기에 러시아 측 태도는 신중할 수밖에 없었다.

2007년 4월 본격적인 제작 설계 작업을 위해 러시아 전문가 40~50명이 대거 방한했다. 우리 연구팀은 이들과 함께 울산의 현대중공업 공장, 대한항공의 김해공장에 모여 작업을 했다.

한-러 전문가의 기술 협의로 규격을 변경한 소재와 부품은 반드시 러시아 전문가들의 승인을 받아야 했는데, 일정 단축을 위해 일부 부품은 직접 모스크바로 들고 가 승인을 받기도 했다. 8개월에 걸친 제작 설계 작업은 2004년 러시아와 기술협력 계약 당시 러시아가 경고한 '한-러 두 나라 간 기술 규격 차이에 따른 어려움'을 그야말로 온몸으로 느끼는 시간이었다.

제작을 완료한 부품과 설비는 공장 시험을 마친 뒤 울산에서 바지선에 실려 다음 날 나로우주센터에 도착했다. 우리는 대형 구조물인 발사패드를 4개 블록으로 분리해 발사대 화염유도로 위에 설치하고 용접하는 작업을 시작으로 본격적인 기계 설비 설치에 들어갔다. 러시아에서 도입한 추진제 공급라인 자동 체결

장치도 같은 시기에 입고돼 현장에 설치했다.

지금도 잊을 수 없는 순간은 발사대 내부로 이어지는 센서와 배선, 배관을 설치한 뒤 발사대 기계 장치들이 제대로 작동하는지 시험하던 날이다. 발사패드가 열리면서 산화제와 케로신(등유)을 공급하는 추진제 공급라인 자동 체결 장치가 모습을 드러내고, 뒤이어 28m 길이의 발사체 기립 장치(이렉터erector)가 발사대에 우뚝 선 순간 연구진 모두가 환호성을 질렀다.

그런가 하면 발사대에 고압가스 설비 설치를 앞두고 가슴을 쓸어내린 사건도 있었다. 그것은 400기압의 고압가스를 보관하는 방대한 설비인데 일정에 쫓기면서 무조건 설치부터 하자는 의견과 반드시 제작업체에서 공장 시험을 한 뒤 입고해야 한다는 의견이 엇갈렸다.

우리는 원칙대로 후자를 선택했고 결국 이 선택은 옳았다. 실제로 공장에서 200기압을 넣고 밸브 시험을 하던 중 밸브가 다시 열리지 않는 문제가 발생했다. 시험 초기 우리는 모두가 조심해야 한다는 사실을 알고 있었지만 그 심각성을 절감하지는 못했다. 그 탓에 우리는 무리한 힘을 가해 밸브를 열었고 그 순간 엄청난 굉음과 함께 200평 규모의 작업공간에 있는 모든 창문이 깨질 듯 흔들렸다. 20cc 안에 있는 200기압 가스의 위력이 어느 정도인지 직접 느끼며 머리카락이 곤두서던 순간이었다. 이 사건은 위험한 상황에서 작업하는 건설 담당자들이 다시 한번 '안전'을 되새기는 계기가 되었다.

날씨가 속을 썩인 적도 있었다. 2008년 4월 울산에 있는 현대중공업 공장에서 시험을 마친 발사 관제 설비가 입고돼 설치하던 중 갑자기 폭우가 쏟아졌다. 발사 관제 설비는 특별히 엄격한 온도와 습도 기준 등 환경 조건을 충족해야 하는 장비였기에 비상이 걸렸다.

연구원들은 필사적으로 매달려 장비에 비가 스며들지 않도록 장비를 발사대 지하로 옮겼다. 그러나 한창 배관과 케이블을 설치하던 지하 장비실 안은 온도와 습도, 분진 등 환경 조건이 열악한 상황이었다. 그렇게 진행한 작업은 결국 문제를 일으켰다. 장비 설치 후 작동 시험 과정에서 문제가 발생했고 제조사 엔지니어가 급히 현장에 달려와 정밀 조사를 해야 했다.

수많은 우여곡절에도 불구하고 한 가지 뿌듯한 점은 그 모든 과정에서 한국 연구팀의 실력이 급성장했다는 것이다. 러시아 연구진은 한국이 제작한 시스템의 규모와 제작 속도에 놀라움을 금치 못했다. 특히 기존 러시아 기술과 다른 방식으로 구축한 설비에 깊은 관심을 보였다. 소재·부품·장비 산업의 중요성을 그 어느 때보다 강조하는 요즘, 러시아 기술을 국산화하기 위해 고군분투한 동료들에게 다시 한번 고마움을 전한다.

지상 검증용 기체

나로호 1단을 설계하고 개발하는 데는 꼬박 3년 정도가 걸렸다. 우리는 2008년 5월에야 발사 준비에 필요한 나로호 1단의 '지상 검증용 기체Ground Test Vehicle, GTV'를 조립했다.

우주발사체를 발사하려면 나로우주센터에 구축한 지상 시설과 장비를 사전에 반드시 검증해야 한다. 이를 위해서는 발사하려는 발사체와 동일한(엔진은 모형 사용) 기체가 필요한데 이를 지상 검증용 기체라고 한다. GTV로 발사 운용 연습을 반복 수행하는 것은 구축한 시설 장비를 검증하는 것을 넘어 연구원들에게 사전 연습으로 노하우를 축적할 중요한 기회를 제공한다. 지금도 항우연 조립동에 보관하고 있는 GTV는 다양한 용도로 쓰이고 있다.

러시아 연구팀은 2008년 여름 GTV를 한국으로 이송했다. 러시아로부터 나로호 1단뿐 아니라 GTV까지 공급받기로 추가 계약을 맺은 덕분이었다. 우리 연구팀은 GTV를 이용해 러시아의 발사체 공장에서 한국의 나로우주센터까지 육로와 해로, 항공로에 이르는 이송 과정을 검증했다.

2009년 4월 나로우주센터는 1차 발사 사전 준비에 들어갔다. 우리에게는 그야말로 역사적인 시작이었다. 1차 발사가 8월 25일에 이뤄졌으니 발사 준비에만 4개월 이상이 걸린 것이었다.

우리는 먼저 GTV를 사용해 인증 시험을 했다. 시험에는 진행 시나리오가 필요하며 각 시스템 운용 책임자와 통제원은 시나리오의 절차에 따라 장비를 조작하고 상태를 관찰(모니터링)한다. 발사체를 개발하고 발사했다는 것은 이러한 발사 운용 시나리오가 있다는 것을 의미하며, 이것이 발사체 독자 개발에 얼마나 중요한지는 직접 개발해보지 않고는 깨닫기 어렵다.

시나리오에 얼마나 체계가 있고 이것을 물리적·화학적으로 얼마나 합리성 있게 구성했는가 하는 점은 발사 성공에 직접 영향을 미치는 중요한 요소다. 나로호는 400기압에 이르는 초고압 가스와 영하 196°C의 액체질소, 영하 183°C의 액체산소 같은 극저온 물질을 사용하기 때문에 오작동이나 조작 실수에 따른 불의의 사고에 대비해야 했다.

모든 시험은 단계별로 진행하는 것이 원칙이다. 우리는 GTV 발사대 연계 시험 시나리오를 9단계로 세웠다. 그리고 단계마다 기술상의 문제점이 드러나면 이를 해결하고 재시험과 반복 시험하는 방식으로 단계별 시험을 진행했다. 이것은 자칫 시간과 비용을 낭비하는 것처럼 보일 수도 있으나 결과적으로 보면 가장 효율적인 시험 방식이다. 우리는 여러 번의 발사 경험으로 이 사실을 깨달았다.

9단계 작업 내용은 다음과 같다.

① 1단계: 발사체의 발사대 이송과 기립 작업

② 2단계: 발사체 탑재 시스템의 기계·전기 점검 작업

③ 3단계: 등유만 연료 탱크에 일부 충전하고 배출하는 작업

④ 4단계: 등유만 연료 탱크에 완전 충전하고 배출하는 작업

⑤ 5단계: 액체산소만 산화제 탱크에 일부 충전하고 배출하는 작업

⑥ 6단계: 액체산소만 산화제 탱크에 완전 충전하고 배출하는 작업

⑦ 7단계: 등유와 액체산소를 동시에 완전 충전하고 배출하는 작업

⑧ 8단계: 비상시를 대비한 추진제 배출과 탱크 후처리 작업

⑨ 9단계: 발사체를 수평으로 전환하고 조립장으로 이송하는 작업

1,000가지 시행착오

공학상의 시험을 진행하다 보면 크고 작은 문제점이 발생하고 그 해결 방안을 찾는 것 역시 연구개발의 한 과정이다. 나로호 1차 발사를 준비하는 과정에서도 수많은 문제점이 생겼고 우리는 그 모든 문제를 해결하고서야 발사에 들어갈 수 있었다.

첫째는 누설Leakage 문제다. 나로호를 발사하려면 최고 400기압의 초고압 가스가 필요했다. 다시 말해 나로호는 공기, 헬륨가스, 질소가스를 모두 초고압 상태로 공급해야 정상 작동하도록 개발했다. 초고압 가스가 지나가는 배관 연결 부분이나 단위 부

품에서 누설이 발생하면 시스템 작동이 멈추거나 오작동한다.

그런데 아직은 완벽한 차폐Perfect Seal가 불가능한 상태라서 어느 정도 누설은 있게 마련이다. 과연 누설은 어느 정도까지 허용할 수 있을까? 이를 판단하고 결정하는 데 무엇보다 중요한 것이 경험이다. 경험은 쉽게 얻어지지 않으며 수많은 시행착오와 실패를 겪으면서 얻어진다.

둘째는 온도 문제다. 일반적으로 상온 시스템은 크게 문제를 일으킨 적이 별로 없다. 반면 저온과 고온 상태 혹은 일정한 온도를 유지해야 하는 시스템은 아주 사소한 부분에서 종종 민감한 문제를 일으킨다. 이 부분은 시간과의 싸움이기도 하다.

나로호는 영하 196℃에 이르는 극저온을 다뤄야 발사가 가능한 까닭에 극저온에 철저히 대비해야 했다. 영하 196℃의 액체질소를 그대로 두면 바로 기화해버리니 이는 당연한 일이다. 액체산소 역시 영하 183℃의 극저온 상태로 나로호에 실려 비행하므로 꼼꼼한 대비가 필요했다.

또한 나로호에 공급하는 공기를 비롯한 헬륨가스, 질소가스도 일정한 온도 조건을 유지해야 한다. 나로호는 배관을 거쳐 가스를 공급하는데 가스가 만들어지는 곳부터 나로호까지는 거리가 100m 이상이다. 이 과정에서 일정한 온도를 유지하는 것도 많은 시행착오를 겪고 나서야 안정을 찾았다.

셋째는 청정도 문제다. 청정도란 사용하는 가스류나 액체류의 불순물과 습기를 규정한 값 이하로 유지하는 것을 말한다. 통상 높은 습도는 건조 과정을 거쳐 낮추는데 이때 불순물이 들어가지 않도록 세심한 주의가 필요하다.

불순물의 크기와 개수는 측정검사로 규격 만족 여부를 판단한다. 우리는 초기에 가스류나 액체류를 정상 상태로 잘 만들고도 검사 과정에서 불순물이 들어가는 바람에 불합격하는 일을 여러 번 겪었다. 청정도 검사방법 자체를 제대로 몰랐던 탓이다. 우리는 일정에 차질이 생길 정도로 많은 시행착오를 거친 뒤에야 노하우를 터득했다.

넷째는 장비의 연속 사용 시간 문제다. 나로호는 3일간 발사 운용을 하므로 나로호 자체는 물론 지상 지원 시설 장비도 3일간 연속으로 작동해야 한다. 지상 시설 장비는 대부분 3일 정도 사용하는 데 무리가 없었기에 우리는 큰 어려움이 없을 것으로 예상했다.

한데 그 예상은 복병을 만나면서 여지없이 무너졌다. 나로호에 공급하는 공기를 고압으로 만들고 일정한 온도로 유지·공급하는 온도제어 시스템이 60시간 이상 안정적으로 작동하지 않은 것이다. 그 결과 엔진이 멈추거나 경고등이 들어와 엔진을 멈출 수밖에 없는 상황이 반복됐다.

그 밖에도 사소하지만 해결하지 않고는 발사를 진행할 수 없는 문제가 일일이 열거하기 어려울 정도로 많았다. 보고한 것만 해도 1,000건이 넘고 각 팀에서 알아서 해결한 것까지 합치면 수천 건이 넘는 것으로 알고 있다.

나로호 발사대에는 화재방지 시스템Fire Protection System, FPS을 구축해 만약의 폭발 사태에 대비했다. 화재나 폭발이 발생했을 때 소화 장치가 가능한 한 빨리 작동하는 것이 좋으므로 나로호 발사대의 화재방지 시스템은 컴퓨터 제어로 설계했다.

한창 발사대 시스템 인증 시험을 진행하던 2009년 6월 19일 새벽 4시경, 발사대의 화재방지 시스템이 오작동하면서 약 27분간 소화액을 분사하는 사고가 발생했다. 다행히 이것은 큰 사고로 이어지지는 않았다. 우리는 화재방지 시스템, 컴퓨터통신 시스템 등을 재점검했으나 정확한 원인을 규명하지 못했다. 왜 오작동이 일어났는지 그 불량 부분을 정확히 찾아내지 못한 탓에 우리는 관련 부분 전체를 교체했다. 이후 특별한 문제는 발생하지 않았고 우리는 1차 발사를 수행했다.

그런데 2010년 6월 9일 나로호 2차 발사에서 첫 번째 시도 과정 중 화재방지 시스템이 또 한 번 오작동을 일으켰다. 우리는 자동 시스템을 수동으로 바꿨고 다행히 발사는 성공했지만 정확한 오작동 원인은 아직도 밝혀지지 않았다.

비록 1년 전의 고장과 기술적 연관성을 찾을 수는 없었으나 마음 한편으로는 진한 아쉬움이 남았다. 어떤 경우라도 기술 문제는 원인을 정확히 규명해야 하는데 우리의 기술 수준 한계로 그러지 못한 아쉬움이 컸기 때문이다.

2009년 7월 2일에는 2단 킥모터를 2단 구조부에 장착하고 종합적인 연계 시험을 진행하는 과정에서 킥모터 노즐Nozzle이 과도하게 움직이는 현상이 발생했다. 2단의 비행 궤도가 설계한 프로그램에 따라 정상 비행할 때는 킥모터가 연소하는 동안 발생하는 추력의 방향을 제어한다. 추력방향제어를 위해서는 노즐을 움직여야 하고 이때 움직이는 각도가 정해져 있는데, 그 노즐이 연계 시험 과정에서 정해진 각도 $4.5°$보다 큰 $6.4°$로 움직인 것이다.

우리는 이 노즐을 장착한 킥모터를 사용할 것인지 기술적 판단을 해야 했고 많은 분석과 시편試片 시험을 하고서야 사용 가능하다는 결론에 도달했다. 그렇지만 처음 발사인지라 조금이라도 꺼림칙한 일은 배제하고 싶은 마음에 새로운 킥모터로 교체했다.

노즐은 왜 비정상적으로 움직였을까? 우리는 그 원인을 찾기 위한 규명 작업으로 몇 가지 가능한 원인은 도출했으나 최종적으로 하나의 정확한 원인을 찾아내지는 못했다. 원인을 찾고자 노즐이 과도하게 움직이는 현상이 일어나도록 재현 실험을 했어도 같은 현상이 반복해서 발생하지는 않았다.

이처럼 과학과 기술 영역에서도 모든 현상을 100% 완벽하게 규명하는 것은 아니다. 나로호에도 아직까지 완벽하게 규명하지 못한 불확실성이 있다. 사실 수많은 부품을 연결한 나로호 같은 복잡한 기계를 놓고 공학 시험을 진행하다 보면 크고 작은 문제점이 발생하게 마련이다. 그런 문제를 겪으면서도 포기하지 않고 계속 나아가는 원동력은 해결 방안을 찾는 것을 곧 연구개발 과정으로 이해하는 데 있다.

나로호 1단이 외나로도에 오던 날

가랑비가 추적추적 내리던 2009년 6월 20일 오후, 안개 낀 전남 고흥군 나로우주센터 선착장에 커다란 배 한 대가 모습을 드러냈다. 한 달 뒤 발사에 사용할 나로호 1단 추진체를 실은 3,000t급 바지선이었다. 추진체 반입은 보안상의 이유로 도착과 이동 시간, 경로를 철저히 비밀에 부친다. 장장 일주일 동안 1단 이송을 마치고 나로우주센터로 들어서는 러시아와 한국 연구원들의 표정에선 묘한 안도감이 느껴졌다.

길이 25.8m, 지름 2.9m에 이르는 1단 추진체는 나로호를 지상 300km 우주에 올려놓기 위한 핵심 부품이다. 나로호 상단(2단)과 상단에 실을 위성은 순수 국산 기술로 만든 반면 1단은 러시아의 흐루니체프가 조립한 것을 그대로 사용했다.

따라서 나로호 1단을 국내로 이송하는 것은 우리에게 아주 중요한 발사 준비 과정 중 하나였다. 나로호 1단이 무사히 한국에 도착해 국내 연구진이 제작한 상단과 제대로 결합해야 비로소 발사가 이뤄질 수 있기 때문이다. 1단을 본격 이송하기에 앞서 나로호 1단의 지상 검증용 기체로 이송 과정에 문제가 없는지 사전 검증을 마친 것도 이런 이유에서다.

러시아 흐루니체프가 제작해 한국으로 가져온 나로호 1단이 국내에서 제작한 나로호 상단과 결합하면 나로호 총조립 시스템이 완성되고 발사가 이뤄진다. 그러므로 나로호 1단 이송도 나로호 발사의 한 과정으로 중요한 부분이었다. 비록 순수 연구개발 영역은 아니지만 우리는 이 과정에서도 기술상의 많은 노하우를 배웠다. 발사체의 모든 부분을 국내에서 제작해도 최종적으로는 발사장으로 모아야 하므로 나로호 1단 이송은 한국형발사체 탄생에 필요한 요긴한 경험이었다.

나로호 1단이 러시아의 흐루니체프 조립동에서 대한민국 나로우주센터까지 이동하는 데는 꼬박 일주일이 걸렸다. 사람이라면 하루 만에 움직일 수 있는 거리를 말이다. 우리는 기차, 화물 전용 비행기, 무진동 트레일러, 선박 등 세상의 모든 '탈것'을 총동원했다.

먼저 모스크바 시내 중심에 있는 흐루니체프 조립동에서 공항까지는 철도로 이동했다. 러시아 연구팀은 중량이 약 10t으로 연료와 산화제를 채우지 않은 1단을 전용 운반 구조물 Air

Transportation Unit, ATU에 실어 철로로 이송했다. 일반적으로 러시아의 발사체 조립장 안에는 철로가 놓여 있다. 나로호 1단은 이것을 타고 러시아 서부에 있는 모스크바에서 중남부의 울리야놉스크까지 약 700km 거리를 3일 동안 달렸다.

울리야놉스크에서 부산 김해공항까지는 러시아의 화물전용 수송기인 안토노프(AN-124-100)를 타고 날았다. 안토노프는 군용 화물을 선적하고 하역하기 위해 개발한 수송기로 비행기 꼬리 부분을 마치 뚜껑처럼 여닫을 수 있도록 설계한 것이 특징이다. 나로호 1단은 군용 전차나 전투기 등을 최대 150t까지 실을 수 있는 안토노프에 실려 김해공항에 도착했다. 꼬박 10시간이 걸렸다.

김해공항에 도착해 대한항공 테크센터 보호구역으로 옮겨진 나로호 1단은 세관검사와 1차 성능검사를 거쳤다. 그리고 이튿날 자정 우리는 특수 무진동 대형 트레일러에 나로호 1단을 실었다. 다시 육로 이동의 시작이었다. 운송 과정 중 브레이크를 거의 밟지 않고 시속 50~60km로 정속 운행하는 무진동 차량의 특성상 육로 이동에도 만만찮은 시간이 들었다. 부산 명지나들목과 부산 과학단지를 거쳐 35km 떨어진 부산신항까지 가는 데 꼬박 5시간이 걸렸다.

마지막으로 부산신항부터 나로우주센터 선착장까지는 바닷길이었다. 3,000t급 바지선에 실린 나로호 1단은 남해안을 따라 약 170km를 10시간 동안 이동해 마침내 나로호를 발사할 전남 고흥군 봉래면 외나로도 나로우주센터 내 선착장에 도착했다. 그렇게 나로호를 해상으로 수송하는 동안 주변 해역은 철저히 봉쇄했다. 이는 부산지방경찰청, 부산소방본부, 해양경찰청, 해군, 공군 등 관계기관의 적극적인 협조가 있었기에 가능한 일이었다.

〈러시아 흐루니체프 공장에서 대한민국 나로우주센터 조립동까지〉

① 모스크바 흐루니체프 공장 → 울리야놉스크: 철도 이송

② 울리야놉스크 → 부산 김해공항: 항공 이송

③ 김해공항 → 부산신항: 육로 이송

④ 부산신항 → 나로우주센터 선착장: 해상 이동

⑤ 선착장 → 조립동: 육로 이송

'1단은 어떤 상태일까? 성능에 문제가 없어야 할 텐데.'

나로호 1단이 무사히 도착했다는 안도감도 잠시, 러시아 연구팀이 1단의 포장을 푸는 모습을 지켜보며 나는 마음을 졸였다. 1단 추진체나 인공위성처럼 정밀하게 조립한 기기를 운송할 때는 외부 충격을 최소화하고 먼지를 차단하는 것은 물론 온도와 습도를 일정하게 유지해야 한다.

실제로 러시아 연구팀은 나로호 1단을 나로우주센터까지 운송하는 과정 내내 1단 탱크 내부의 온도와 압력을 제어하도록 러시아 회사 인폼테스트Informtest가 개발한 이동식 장비(TEST-

5507)를 사용했다. 이는 탱크 내 온도와 압력을 실시간 측정해 일정한 상태를 유지하게 해주는 장치다. 덕분에 우리는 부산 김해공항에서 탱크 내 압력이 높아진 것을 확인하고 낮출 수 있었다.

한국과 러시아 연구팀은 곧바로 도착한 1단의 상태를 점검하는 시험에 돌입했다. 여러 가지 정밀 시험을 거쳐야 확실히 알 수 있지만 간단한 검사로는 이송 중에 큰 문제가 발생한 것 같지 않았다.

발사체 상태는 엔지니어들에게 초미의 관심사다. 발사 성공을 일차적으로 좌우하는 것이 발사체 상태이기 때문이다. 실제로 발사체에는 추적 장치를 이중삼중 적용한다. 러시아 연구팀은 1단의 상태를 장기적으로 점검하기 위해 광섬유 기술을 기반으로 한 '지상 측정 시스템VOKSNI'을 개발했다. 이 시스템은 발사체에 설치한 센서로부터 정보를 실시간 수신해 온도, 압력, 습도, 압력 차 등의 정보를 초당 500회 이상 수집한다. 수집한 정보는 광섬유를 타고 엔지니어들에게 빠르게 전달된다.

발사체가 정상 작동하는지 원격 추적하는 원격자료수신(텔레메트리) 장비도 있다. 나로호는 최대 초속 8km로 날아가면서도 위치 정보와 동작 상태를 실시간 전송하도록 설계했다. 텔레메트리 장비는 최대 2,000km 떨어진 곳에서 보낸 정보까지 수신할 수 있다. 한-러 연구팀은 발사체를 지상에서 시험할 때, 비행 중에, 비행을 종료한 후에, 발사체 상태를 파악할 수 있는 텔레메트리 장비 '리톤-5'를 공동 개발했다.

　　2009년 여름, 나로호 첫 발사가 임박하고 나로호 1단까지 도착하면서 온 국민의 관심이 나로우주센터로 쏠렸다. 그러다 보니 웃지 못할 사건도 많이 생겼다. 한번은 보안규정에 따라 철저히 비공개로 진행해야 하는 1단 이송 날짜와 경로가 국내 언론에 보도되었다.

　　경위를 조사하니 1단 이송에 참여한 업체 관계자가 무심코 발설한 것이 단초였다. 해당 업체에는 경고와 함께 불이익이 가해졌다. 원래는 해당 업체 로고를 1단에 크게 붙이기로 했는데 발사체 제일 윗부분인 위성보호 덮개부에 작게 붙이는 것으로 바뀐 것이다.

　　한데 실제로 발사에 돌입하는 순간 위성보호 덮개부가 1단보다 훨씬 더 방송 카메라에 오랫동안 선명하게 자주 노출되는 게 아닌가. 해당 업체 홍보 효과는 오히려 더 커졌고 반드시 그 일 때문이라고 할 수는 없지만 나로호 1단 이송을 발설한 직원은 회사에서 승승장구했다. 새삼 '인생사人生事 새옹지마塞翁之馬'라는 말이 떠올랐다.

　　한편 우리는 한동안 '한국이 개발도 덜 끝낸 1단을 러시아에서 사왔다'는 루머에 시달렸다. 나로호 1단을 한국으로 이송한 뒤, 러시아는 1단을 최종적으로 종합 확인하는 시험을 위해 1단과 동일한 추진체를 하나 더 만들어 지상 연소 시험을 준비하고 있었다.

바로 그 과정을 오해한 비전문가가 언론에 제보하면서 전혀 예상치 않던 논쟁이 벌어졌다. 2009년 7월 30일 러시아 연구진이 수행한 지상 연소 시험은 성공적으로 이뤄졌으나(연소 시간이 232초로 나로호와 같고 '사이클로그램'이라는 엔진 운용 조건도 나로호와 동일), 데이터를 상세히 분석해보니 1단에 해결해야 할 기술 문제가 남아 있더라는 내용이 보도된 것이다. 언론의 논조는 '러시아를 믿을 수 없다. 한국이 당했다'는 식이었다.

8월 4일 우리는 부랴부랴 나로우주센터에 머물던 러시아 측 책임자를 만나 러시아 연구자들이 별도로 수행한 지상 연소 시험 결과를 요청했다. 특히 지상 연소 시험을 한 결과 해결해야 할 기술 문제가 남아 있다고 하는데 그게 무슨 뜻인지 다그쳐 물었다.

러시아 측 연구 책임자는 지상 연소 시험 중 원격측정 데이터를 수신하는 과정에서 문제가 발생한 것이지 발사체와는 무관하다고 해명했다. 그는 원격측정 데이터 중 하나가 비정상 값을 나타냈는데 이것이 센서 불량인지, 데이터 수신·처리 장비 불량인지, 아니면 발사체 잘못인지 면밀하게 분석한 결과 발사체 이상은 아니었다고 설명했다.

논란은 러시아 연방우주청의 발사체 담당 레미셰프스키 부청장이 러시아의 한국 대사관을 직접 방문해 기술 검토 내용을 설명하면서 겨우 일단락됐다. 지금은 그저 추억으로 회상하지만 당시에는 여러 사람의 간담이 서늘해진 웃지 못할 해프닝이었다.

대한민국 최초의 '발사허가서'

2009년 6월 8일 대한민국 정부는 나로호 발사허가증을 발부했다. 당시 나로호 발사 주무부처인 교육과학기술부(현 과학기술정보통신부)는 205장에 달하는 나로호 발사계획서를 검토해 나로호 발사를 최종 승인했다. 발사허가증 왼쪽 모서리엔 '제1호'라는 글자가 선명하게 적혀 있었다. 대한민국의 첫 번째 우주발사체 발사에 반드시 성공해야 한다는 책임감이 다시 한번 무겁게 다가왔다.

한국에서 우주발사체를 발사하려면 우주개발진흥법에 따라 주무부처 장관의 발사 허가를 받아야 한다. 나로호는 국가가 추진하는 국책 연구개발 사업이라 발사 허가가 필요한지 아닌지 갑론을박이 있었으나 발사 허가를 받으라는 쪽으로 결론이 났다. 나로호 연구개발 사업의 주관기관으로서 항우연은 발사 허가를 받기 위해 발사계획서를 작성해 정부에 제출했고, 정부는 발사허가심사위원회를 구성해 제출받은 발사계획서를 심의했다. 이것은 대한민국 정부가 내준 '발사허가서 1호'였다.

발사계획서를 처음 작성하다 보니 시행착오도 있었지만 우리는 발사계획서에 담겨야 하는 내용을 모두 담아 기술했다.

발사계획서에는 말 그대로 발사 계획을 먼저 기술해야 한다. 발사 계획은 발사체의 크기·무게·단수·추진제 같은 제원諸元을 비롯해 탑재하는 위성의 특성, 위성을 투입하는 궤도, 발사예정일 등을 포함해야 한다. 또한 발사가 이뤄지는 장소와 추적소의 위도, 경도, 고도 같은 위치 정보도 제공한다. 발사체의 비행 순서(이벤트), 비행 궤적과 낙하점, 발사 시간대(소위 말하는 하늘 문이 열리는 시간), 발사체 성능, 자세제어 정밀도, 중요 시스템의 규격 등도 기술한다. 발사 운용에서 가장 중요한 안전성 분석 역시 필요하다. 이와 함께 발사 안전 조직, 비행 안전 계획, 기상 발사기준, 발사 운용 조직, 사고 조사와 대응 계획, 발사장 안전관리 대책, 발사체의 비행 경로상에 있는 유인도有人島 주민의 안전대책, 재난관리 계획 등도 기술해야 한다.

2,000억 원짜리 보험

'공해상에 떨어지도록 설계한 발사체가 만에 하나 운항 중인 선박이나 육지 위로 추락하면 누가 어떻게 책임을 질까?'

국민이 볼 때 이는 충분히 걱정스러운 부분이다. 실제로 우주발사체 발사 작업은 위험도가 매우 높고 다양한 주체들이 공동 수행하기 때문에 기술 면에서 최선을 다해도 예상치 못한 결과가 발생할 수 있다. 이때 과실이 있는 특정 업체가 사고 책임을 모두 지게 하면 해당 업체는 파산할 수 있고 결과적으로 우주산업은 기피 산업으로 전락할 우려가 있다.

그래서 필요한 것이 보험이다. 발사체 보험은 자동차를 구매한 사람들이 의무적으로 가입하는 자동차 보험과는 개념이 다르다. 발사체 보험은 '참여자 간 상호면책과 책임 집중' 원칙을 따른다. 쉽게 말해 각자에게 발생한 손해는 각자 책임지고, 제3자에게 손해가 발생할 때는 우주물체 발사책임자가 발사 전 가입한 제3자 손해배상 책임보험으로 배상한다.

우주발사체 발사 중 사고로 제3자에게 발생한 인명과 재산 손실은 일반적으로 MPL Maximum Probable Loss (최대 발생 가능 손실)로 계산한다. 한국에는 아직 MPL 산정 주체나 기준 등을 고시한 것이 없어서 미국과 호주의 예를 참고해 손실을 예측한 결과 MPL이 약 888억 원으로 나왔다. 이는 책임보험을 이 금액 이상으로 가입해야 한다는 의미다.

그런데 이 금액이 객관적이고 타당한 값일지라도 사고와 관련해 모든 손해배상을 담보할 수는 없다. 현실을 보자면 우주물체 발사책임자가 최대한의 손해배상 보험에 가입하려 해도 보험회사의 인수 능력 등 시장 상황에 따라 가입 한도와 범위에 제한을 받는다. 이에 따라 미국, 러시아 등 우주 선진국에서는 우주물체 발사책임자가 담보하는 손해배상 범위를 초과하는 부분은 정부가 부담하는 제도를 운용하고 있다.

우주물체 발사책임자인 한국항공우주연구원은 국제연합UN
이 정한 책임협약, 우주개발진흥법과 우주손해배상법 등의 국내
법, 한-러 계약에 근거해 발사 활동에 따른 우주 사고에 대비할
목적으로 몇 가지 약정을 체결했다.

먼저 발사참여자 간의 책임 한계를 명확히 하고 각자의 손
해와 관련해 다른 발사참여자에게 청구하는 권한을 포기하는 상
호책임면제합의서를 작성했다. 또한 제3자의 인적, 물적 손해를
담보하는 2,000억 원 규모의 배상책임 보험에 가입했다.

이 같은 보험 규모를 결정할 때는 일반적으로 사고 시 발생
할 수 있는 MPL을 따져 그 금액 이상으로 책임보험에 가입해야
한다. 2008년 8월 7일 한국 정부는 나로호의 배상책임 보험금액을
우주손해배상법상 최고치인 2,000억 원으로 확정 고시해 한국항
공우주연구원이 보험에 가입하도록 했다. 보험료는 2억 5,000만
원 규모였다.

전 세계에 발사를 알리다

여러 번 말했지만 우주발사체는 이중용도 특성이 있는 대표적인
기술로 국제사회는 여기에 민감하게 반응한다. 가령 우주탐사 같

은 평화적 용도로 연구개발한 우주발사체 기술을 군사용으로 전용하거나, 군사용으로 연구개발한 대륙간탄도미사일ICBM을 인공위성 발사에 활용할 수 있다. 어느 한 국가가 우주발사체를 발사할 때 세계 각국이 주목하는 것도 바로 우주발사체의 이중용도 특성 때문이다.

나로호 발사를 한 달 정도 앞뒀을 때 한국항공우주연구원 연구팀은 전 세계에 나로호 발사를 알렸다. 우주발사체 기술은 군사용으로 전용할 수 있는 민감한 기술이기에 전 세계의 주목과 의심을 받는다. 나로호는 이에 대비해 처음부터 개발과 발사 운용 과정을 투명하게 공개하고 국제 규범 절차도 준수했다. 당연히 나로호는 국제사회로부터 아무런 의심도 받지 않았다.

정작 의혹의 눈초리는 국내에서 불거졌다. 일각에서는 나로호 발사와 북한의 은하 3호 발사가 무엇이 다르냐며 이의를 제기했고, 나로호 발사는 비판하지 않으면서 은하 3호 발사는 비판하는 것은 불공정하다는 말도 했다. 이는 사실관계를 정확히 알지 못하는, 즉 무지에 따른 오해거나 어쭙잖은 북한 편들기다.

북한은 UN 안전보장이사회의 결의사항(1718호, 1874호, 2087호, 2094호, 2270호, 2321호)을 위반했기 때문에 그 어떤 상투적 포장으로도 국제사회가 용인하지 않는 것이다. 반대로 한국은 발사체 개발과 발사 운용 과정을 투명하게 공개했고 국제 규범 절차도 잘 준수했다. 그러므로 한국의 나로호를 북한의 장거리 로켓 발사와 비교하는 것은 어불성설이다.

한국은 '탄도미사일 확산방지 헤이그 행동 협약Hague Code of Conduct against Ballistic Missile Proliferation, HCOC'에서 규정하는 발사 사전 통보 제도에 따라 나로호의 일반적인 규격, 발사 시간대, 발사 장소, 발사 방향 등의 정보를 국제사회에 통보했다. 탄도미사일 확산방지 헤이그 행동 협약은 대량 살상무기 운반이 가능한 탄도미사일 확산방지를 목적으로 2002년 11월 네덜란드 헤이그에서 개최한 '국제 미사일 행동 규약' 회의에서 서명하고 발효된 협약이다.

또한 우주물체를 발사하는 발사국은 UN 외기권사무소Office for Outer Space Activities, OOSA의 '외기권에 발사한 물체 등록에 관한 협약'에 따라 UN 사무총장에게 발사와 관련된 정보를 등록해야 한다.

알다시피 나로호 발사는 인공위성을 원하는 궤도에 투입하기 위한 것이다. 위성망을 확보하려 하는 국가는 국제전기통신연합 ITU International Telecommunication Union의 전파 규칙Radio Regulation 에 따라 위성망 등록 절차를 밟아야 하는데, 나로호 발사를 앞두고 우리는 궤도와 주파수를 ITU에 등록 신청했다.

나로호가 이동할 하늘길, 바닷길에도 역시 발사를 알렸다. 적절한 시점에 긴밀하게 사전 통보가 이뤄져야 근해 선박 이동과 항공기 비행 항로 조정 등으로 사고를 예방할 수 있기 때문이다.

그뿐 아니라 국제민간항공기구International Civil Aviation Organization, ICAO 협약에 따라 '항공고시보NOTAM', 국제해사기구International Maritime Organization, IMO와 국제수로기구International Hydrographic Organization, IHO 결의에 따라 '항행통보NOTMAR'에 나로호 발사 정보를 기재하는 조치를 했다.[7]

그 외에도 민간용 로켓 발사 시 사전에 고지하고 미국의 참관을 허용한다는 한-미 미사일 협정 규정에 따라 미국 측 참관을 허용했다. 인접 국가로서 비행 안전 상황에 미묘한 관심을 보이는 일본이 요청한 '발사 사전 통보'에도 우호적으로 대응해 국제사회를 향한 투명성 제고 차원에서 통보해주었다. 이러한 사전 통보가 적기에 긴밀하게 이뤄져야 근해의 선박 소개疏開, 항공기의 비행 항로 조정 등을 미리 조치할 수 있다.

---

7   NOTAM과 NOTMAR는 각각 항공기와 선박 운행에 관해 관련자들이 안전 관련 정보를 알 수 있도록 제공하는 정보물이다.

5장
나로호 핵심 기술, 독자 개발 2단 엔진

1.5t 고체연료로 비행하는 킥모터

흔히 '킥모터'라 불리는 고체엔진은 발사체의 핵심 부품 중 하나로 꼽힌다. 고체엔진과 액체엔진의 가장 큰 차이점은 연료에 있다. 액체엔진은 액체 상태 연료(보통 등유)를 산화제에 섞어 태우면서 추력을 얻는다. 반면 고체엔진은 고체추진제를 점화해서 추력을 낸다. 이 고체추진제는 산화제와 연료를 혼합해 고체로 만든 것이다.

발사체의 경우 1단의 주엔진은 보통 액체엔진을 사용한다. 고체엔진은 발사체의 상단이나 대륙간탄도미사일 같은 전략무기 엔진으로 쓰인다. 고체연료는 곧바로 점화하기 때문에 별도의 탱크나 연소실이 없어서 구조가 단순하고 즉각 발사가 가능해서다. 최근 한-미 정부가 한국의 고체연료 우주발사체 추진력과 사거리 제한을 해제하는 내용의 '한미 미사일 지침' 개정을 논의하고 있다는 뉴스가 큰 관심을 끄는 이유도 여기에 있다.

우리 연구팀은 나로호 상단에 들어 있는 위성을 궤도에 진입시킬 추진기관으로 1.5t 고체연료를 사용하는 추력 8t의 킥모터를 설계했다(엔진이 위성을 궤도에 올리기 위해 툭 차듯kick 마지막으로 밀어주어 킥모터라고 부른다). 그런데 이 임무를 완수하려면 여러 가지 조건을 충족해야 했다. 우선 가벼우면서도 비추력(추진제 소모량 대비 추력 값) 성능이 높아야 한다. 여기에다 최대추력이 너무 크지 않으면서 연소 시간은 길고 추력 방향을 조종할 수 있어야 한다.

한국항공우주연구원과 한화 등 국내 방산업체 공동 연구팀은 2003년부터 킥모터 개발에 본격 돌입했다. 그런데 우주 공간에서 작동하는 고체 킥모터를 개발해본 경험이 없다 보니 부품 설계 단계부터 난관이 많았다.

모든 부품은 우주 환경에서 사용 가능한 소재여야 한다. 우리는 위성을 궤도에 정확히 투입하기 위해 노즐을 완벽하게 제어할 수 있는 부품을 새로 개발해야 했다. 대기가 없는 우주에서 방향을 바꾸려면 내뿜는 화염 방향을 바꾸는 방법밖에 없기 때문이다.

매일 밤 난상토론이 이어졌고 연구는 더디지만 조금씩 앞으로 나아갔다. 먼저 공동 연구팀은 고온, 고속의 연소가스가 지나는 노즐부 형상과 단열 특성을 유지할 수 있는 신소재를 개발했다. 이때 노즐 표면이 깎이고 갈리는 현상을 최소화하고자 탄소-탄소 복합재를 적용했다.

또한 노즐 방향을 바꾸기 위해 노즐의 고정부와 운동부 사이에 설치하는 유연한(플렉시블) 실seal을 독자 기술로 개발했다. 수많은 시행착오 끝에 복합소재에 고무를 주입하는 방식으로 엄격한 환경과 속도 기준을 충족하는 플렉시블 실을 제작한 것이다.

그 결과 2007년 우리는 킥모터 연료가 연소할 때 발생하는 3,000 °C 이상의 고온을 60초 이상 견디면서 원하는 방향으로 추력을 제어할 수 있는 킥모터를 제작하는 데 성공했다. 연소 시간을 기존 기술보다 2배 수준으로 늘린 쾌거였다.

300km 고도 우주 환경을 재현하다

킥모터는 나로호 발사 395초 뒤 지상 약 300km 고도에서 점화하도록 설계했다. 점화 안전장치 2개에 전기 신호가 들어가면 점화되고 각 점화 안전장치는 독립적인 임무 수행이 가능한 구조였다.

이 추진기관의 신뢰성을 확보하려면 당연히 이것이 제대로 작동하는지 알아보기 위해 사전에 수많은 시험을 반복해야 한다. 개발 초기에 우리는 지상 연소 시험을 7회로 예상했다. 초반 3회 시험에서 비행용 고체엔진 설계를 확정하고 이후 비행용 인증 시험을 2회 거친 뒤, 실제 비행 환경에서 최종 성능을 검증하는 고고도 시험을 2회 진행할 생각이었다.

그런데 웬걸! 추가로 진행한 지상 연소 시험에서 연소 시작 약 50초 후 노즐 확장부 일부가 이탈하는 예상치 못한 문제가 드러났다. 우리는 곧바로 원인을 분석하고 설계를 변경해 새로 제작한 뒤 다시 시험에 들어갔다. 문제를 찾고 그렇게 찾아낸 문제를 해결하는 과정을 반복하다 보니 지상 연소 시험을 총 13회나 수행했다.

그중 가장 힘들었던 때는 두 번째 지상 연소 시험에 실패하고 이를 극복하던 순간이었다. 연소 과정 중 추진제에 포함된 다량의 알루미늄이 산화하면서 슬래그slag(찌꺼기)로 변하고 그것이 내열재를 태우는 문제가 발생한 것이다. 나로호 2단을 위해 특별히 제작한 탄소-탄소 복합재도 엄청난 고온을 견디지 못하고 타버렸다.

우리는 내열재 설계를 변경하고 전방부에 기계 마모를 막는 판을 붙이는 등 갖가지 방법을 동원했다. 최소한의 무게로 열에 잘 견디는 킥모터의 조건을 찾기 위해서는 실험을 수없이 반복하는 수밖에 없었다.

킥모터는 고고도 환경에서 작동하는 만큼 노즐 팽창비가 크다. 그 추진기관을 대기압 환경에서 시험하면 노즐 확대부에서 유동박리 flow separation (물체가 이동하는 방향으로 압력이 계속 커지면서 유체가 물체 표면에서 떨어져 나가는 현상)가 발생해 정확한 추력을 측정하기 어렵다.

2007년 7월 우리 연구팀은 킥모터가 실제로 작동하는 높은 하늘의 환경에서 시험을 진행하도록 러시아의 자문을 받아 고공高空 환경 모사 시험 설비를 구축했다. 킥모터 주변을 인위적으로 대기압 이하 환경으로 낮추기 위해 고공 환경을 제공하는 디퓨저, 디퓨저에 냉각수와 기체 질소를 공급하는 유공압 시스템, 점화 시퀀스를 제어하고 장착한 각종 센서로부터 자료를 획득하는 제어계측 시스템, 추력측정 장치 등을 구축한 시험 설비를 세운 것이다. 이는 고체엔진 개발 과정에서 얻은 또 다른 소득이었다.

'2단 무상 제공'을 거절한 이유

"2단 로켓 개발을 포기하는 게 어떻겠습니까. 로켓은 우리가 무상으로 드리겠습니다."

2004년 12월 러시아 우주기업 흐루니체프의 알렉산드르 메드베제프 사장이 예상치 못한 제안을 해왔다. 나로호 발사를 위해 러시아가 나로호 1단을, 한국이 상단인 2단을 개발하기로 하고 설계안까지 공유한 뒤 나온 제안이었다. 자세한 이유를 설명하진 않았지만 2단에 들어갈 고체엔진(모터)을 개발하는 과정에서 얻는 정밀 제어기술을 혹시라도 다른 분야에 활용하지 않을까 우려하는 듯했다. 우리의 대답은 당연히 "아니오"였다.

2단에는 추진기관 외에 발사체 정보를 무선으로 지상에 보내거나 각종 장치에 전원을 공급하는 전자탑재 시스템을 배치한다. 발사체의 건강 상태를 확인해 지상으로 전송하는 원격측정과 추적 시스템, 나로호 상단의 각종 전자탑재 장치에 전력을 안정적으로 공급하는 전력 시스템, 비행 중 발사체가 비정상적으로 기동할 때 비행을 멈추는 비행종단 시스템 등이 대표적이다. 이 모든 것의 안정성 시험도 나로호 발사 전 반드시 거쳐야 할 관문이었다.

원격측정과 추적 시스템은 발사체 상태를 측정해 전송하는 계측 시스템, 발사체 비행 중 발사체 내외부의 카메라 영상을 지상으로 전송하는 영상 시스템, 지상레이더 추적 신호를 받아 지상으로 응답 신호를 전송해 비행 궤적을 알려주는 추적 시스템으로 이뤄진다.

우리 연구팀은 시스템에 들어가는 모든 장비를 대상으로 온도, 진동, 진공, 파이로 충격 Pyro shock(구조물에 폭발이나 충격이 발생할 때 가해지는 충격), 전자파 등 다양한 시험을 진행했다. 특히 시험

항목이 많고 시간이 오래 걸리는 전자파 시험을 통과하는 것은 여간 어려운 일이 아니었다.

전력 시스템은 배터리와 전력분배 장치, 페어링 분리 구동 장치 등으로 이뤄졌다. 우리는 배터리에 그때까지 발사체에 좀처럼 사용하지 않던 리튬이온 기술을 적용했다. 이에 따라 배터리를 충·방전하면서 용량을 시험하는 것은 물론 배터리에 임의로 전자부하를 가해 성능을 확인하는 시험을 더욱 꼼꼼하게 해야 했다.

전력분배 장치는 파이로 충격 시험에서 충격 하중을 견뎌내지 못했다. 우리는 곧바로 장치 외부에 충격 저감 장치를 달아 문제를 해결했다. 페어링 분리 구동 장치는 진동 시험 중 입력 전류가 요동치는 현상을 보였다. 이를 해결하기 위해 우리는 고전압을 생성하고자 배치한 트랜스포머 케이스의 몰딩을 보강했다. 수많은 부품 중 어느 것 하나 쉽게 얻은 것이 없었다.

'산 넘어 산'이 이어지는 그 힘든 상황에서, 심지어 로켓을 무상으로 제공받을 수 있는 상황에서, 우리 연구팀이 독자 개발을 고집한 이유는 단 하나였다. 나로호에 적용하는 수많은 기술을 한국형발사체 혹은 그 후속 발사체에 적용할 수 있으리라는 확신이 있었기 때문이다. 우리는 러시아와 나로호 발사를 공동 진행하는 동안 더 많은 기술을 얻고, 더 많은 기술을 독자적으로 개발해야 했다. 그 선택은 옳았다. 우리는 누리호를 개발하면서 이 사실을 다시금 절실히 느꼈다.

페어링 기술의 핵심은 분리 장치

2008년 여름, 나로우주센터 종합조립동은 뜨거운 열기로 가득했
다. 낮 최고기온이 연일 30도를 웃도는 전남 고흥군의 폭염 때문
만은 아니었다. 부품 온도를 유지해야 했기에 조립동 내부는 시
원할 정도로 온도가 낮았으나 연구원들은 연신 굵은 땀방울을 흘
렸다. 나로호 2단 비행모델Flight Model을 완성하기 위해서였다.

발사체를 개발할 때는 실물 크기 모형Mock-Up, 개발모델
Engineering Model, 인증모델Qualification Model, 비행모델 등 다양한 모
델을 제작한다. 각 모델은 사용 목적이 다르다.

인증모델은 발사 전 각종 성능과 시스템을 검사하는 모델이
다(지상에 묶어놓고 엔진을 점화해 테스트한다). 비행모델은 검사를 완
료한 인증모델과 똑같이 만든 '쌍둥이'로 실제 하늘로 쏘아 올린
다. 비행모델을 완성하면 발사 준비의 9부 능선을 넘었다고 판단
한다.

2008년 8월 우리 연구진은 나로호 2단의 비행모델 조
립을 마무리했다. 2003년 킥모터 개발에 돌입한 지 5년 만의
일이었다. 나로호 2단을 제작하기 위해 우리는 킥모터뿐 아

니라 페어링, 인공위성, 위성분리 장치 등도 직접 개발해야 했다.

페어링은 나로호 2단 윗부분에 있는 인공위성 보호 덮개를 말한다. 이것은 길이 약 5.3m인 원뿔 모양으로 니어Near 페어링과 파Far 페어링이 양쪽으로 겹쳐져 있다. 페어링은 습기, 비, 햇빛, 소금기, 먼지 등으로부터 탑재물을 보호하는 역할을 한다. 비행 중에는 탑재물을 공력 가열로부터 보호하며 더 보호할 필요가 없어지면 분리된다.

이러한 페어링 개발의 핵심은 파이로 분리 시스템과 음향 저감 장치다. 파이로 분리 시스템은 '파이로'라는 화약을 이용해 페어링을 분리하는 시스템을 말한다. 파이로가 터져 페어링이 분리되면 그 순간 중력가속도 100배 이상의 충격파가 발생한다.

이 충격파는 구조물을 거쳐 인공위성까지 순간적으로 전달된다. 그 충격 하중과 강도를 계산한 한국항공우주연구원 연구팀은 이를 토대로 파이로 분리 기구 형상을 설계해 페어링 시스템을 만들었다.

음향 저감 장치는 나로호가 이륙하고 비행할 때 발생하는 다양한 소음과 진동이 2단에 실린 인공위성과 전자탑재물에 고장을 일으키지 않도록 페어링 내부에 설치하는 보호용 구조물이다. 소리와 진동을 가장 잘 흡수할 수 있는 구조물을 설계하기 위해 우리는 열, 음향, 진동, 진공 환경에서 무수한 성능 시험을 거쳤다.

이렇게 개발한 페어링은 구조 하중 시험을 무사히 통과했다. 구조 하중 시험은 비행 중 페어링에 계속 가해지는 하중을 지상에서 인위적으로 부과해 페어링 구조가 안정적인지 확인하는 시험이다. 그 후 진행한 페어링 분리 시험에서도 페어링은 완벽히 작동했다. 특히 비행 상황을 똑같이 모사한 극한 환경에서도 안정적으로 분리되었다.

'깡통 위성'이라 비난받은 나로과학위성

같은 시기 인공위성 연구자들은 나로호 2단에 탑재할 인공위성 점검 작업에 매달리고 있었다. 나로호 발사를 목표로 개발한 인공위성은 총 4기다. 검증위성 1기, 과학기술위성 2A호와 2B호 그리고 나로과학위성이 그것이다.

여기서 잠깐, 나로호 발사를 자세히 기억하는 사람이라면 검증위성 존재 자체에 의문을 품을 수도 있겠다. 나로호 1, 2차 발사 때는 각각 과학기술위성 2A호와 2B호를, 나로호 3차 발사 때는 나로과학위성을 발사체에 탑재했으니 말이다.

검증위성은 한국항공우주산업KAI이 나로호 성능을 검증하기 위해 개발한 위성이다. 검증위성의 임무는 페어링 내부에서 위성이 겪는 진동, 음향을 측정하고 위성의 목표 궤도 진입과 궤도 위치를 측정하는 것이었다. 그 밖에 지상과의 통신을 시험하고 나로호가 촬영한 비디오 영상 자료를 송신하는 임무도 맡았다.

그런데 발사 계획이 계속 바뀌면서 검증위성은 한동안 창고 신세를 면치 못했다. 심지어 막판에는 분해해 일부 부품을 다른 위성에 재활용하기도 했다. 그렇게 탄생한 것이 바로 나로과학위성이다.

과학기술위성 2A호와 2B호는 KAIST 인공위성연구센터를 중심으로 개발이 이뤄졌다. 이것은 고도 약 300km의 지구 저궤도에서 지구의 온도 분포와 구름층의 수분량을 측정하는 라디오미터, 위성의 정확한 궤도 위치를 측정하는 레이저 반사경을 탑재한 우주과학실험용 위성이다. 아쉽게도 과학기술위성 2A호와 2B호는 모두 목표 궤도에 진입하지 못했다(자세한 내용은 뒤에서 나로호 발사 결과와 함께 다룬다).

나로과학위성은 과학기술위성 2A호와 2B호의 뒤를 잇고자 개발한 위성이다. 나로과학위성의 가장 큰 임무는 위성의 궤도 진입을 확인해 나로호의 발사 성공 여부를 검증하는 것이었다. 그 외에도 여기에는 이온층 관측 센서와 우주방사선량 측정 센서 등을 달아 우주에서 과학 관측 임무를 수행하고 펨토초 레이저, 자세제어용 반작용 휠, 적외선 영상 센서, 태양전지판 등을 탑재해 이들 장비가 우주 환경에서 정상적으로 작동하는지 검증하는 임무도 주어졌다.

KAIST 인공위성연구센터 연구진은 이전 과학위성 2호 제작비(약 130억 원)의 6분의 1 정도인 20억 원을 투입해 1년간 나로과학위성을 제작했다. 이처럼 줄어든 임무와 제작비를 두고 일각에서는 나로과학위성을 '깡통 위성'이라며 비난하기도 했다. 지금은 웃으면서 해명할 수 있지만 당시에는 인공위성을 개발하고 쏘아 올리기 위해 수년을 바친 연구자들에게 상처를 주는 말이었다.

나로호 2단, 성공적인 신고식을 치르다

비행모델을 완성하고 1년쯤 지난 2009년 8월 25일 나로호 2단은 인상적인 첫 발사를 치렀다. 사실 상당수 연구원은 발사 성공을 저해하는 가장 큰 위험요인으로 나로호 2단의 추진기관인 킥모터를 지목하고 있었다.

연구원들은 과학로켓 'KSR' 시리즈를 개발하면서 발사체 개발 시스템은 이미 대부분 경험했고 1단은 러시아와 기술협력으로 개발했다. 그러니 우리가 자체 개발한 킥모터만 정상 작동하면 비행 시험에 성공할 것으로 예측한 것이다. 이는 그만큼 킥모터 개발이 어렵고 힘들었다는 것을 방증

한다.

그러나 킥모터는 이러한 우려를 잠재우려는 듯 탁월한 성능을 보였다. 비행 후 444초가 지난 시점부터 가속도와 노즐 회전각이 서서히 변화하는 문제가 나타나긴 했으나(카메라 촬영 영상을 분석하니 킥모터 점화는 정상적으로 이뤄졌지만 점화 뒤 40초 이후부터 자세제어에 이상이 생겼다) 킥모터는 추력을 내는 구간이 당초 예상과 거의 유사했고 비행 중 나로호 2단에 가해지는 압력 값도 예측 결과와 맞아떨어졌다. 노즐부 연소 압력이나 온도에도 문제가 없었다.

문제는 예상치 못한 페어링에서 발생했다. 계획대로라면 나로호 발사 216초 후 페어링이 분리되어야 하는데 페어링 두 쪽 중 한 쪽이 정상적으로 분리되지 않았다. 그렇게 나로호 2단은 페어링을 한 쪽만 단 채 날아올랐다.

여하튼 '모델'이라는 이름이 붙었을 뿐 나로호 2단 비행모델은 나로호 2단 그 자체라고 할 수 있다. 그런 의미에서 비행모델 조립은 끝이 아니라 새로운 출발점이다. 우리는 나로호 1단 지상 시험 완료, 1단과 2단 함께 조립, 발사대 시스템 성능 시험 등을 거쳤지만 발사 성공이라는 최종 목적지까지는 아직도 긴 여정이 남아 있었다. 새로운 출발점에서 우리는 끝까지 지치지 않도록 다시 한번 반드시 해내자는 각오를 다졌다.

2부

로켓맨,
미래를
쏘아
올리다

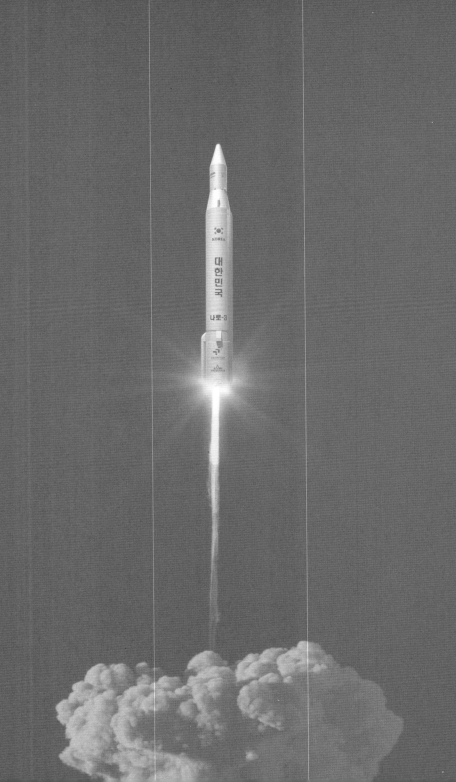

6장
우리 손으로 만든 첫 우주 로켓

'나로'라는 이름의 비밀

'나로NARO'는 우리나라뿐 아니라 해외에서도 발음하고 기억하기 쉬운 이름이다. 이 훌륭한 이름은 한국항공우주연구원 엔지니어가 지은 게 아니다. 대한민국 국민이 직접 제안했다. 2009년 2월 23일부터 3월 31일까지 진행한 명칭 공모전에 전국에서 2만 2,916명이 참가해 모두 3만 4,143개의 이름을 제안했다. 대상작인 '나로'는 대한민국 우주개발의 산실인 나로우주센터가 위치한 전남 고흥군 외나로도의 지역명에서 따왔다.

실은 나로호의 이름이 될 뻔한 멋진 이름이 여럿 있었다. 태양을 뜻하는 '해'와 용의 옛말인 '미르'를 합성한 '해미르', 대한민국의 얼(혼)을 의미하는 '한얼'은 우수상 작품으로 주목을 받았다. 장려상 작품 중에는 한반도 태백산맥의 정기를 이어받자는 의미의 '태백'과 고구려의 옛말인 '가우리', 대한민국 우주개발의 빛나는 별이 되어달라는 뜻의 '샛별'이 있었다.

어떤 이름이든 국민이 지어준 이름이라면 우리나라의 첫 우주발사체가 많은 관심과 사랑 속에서 성공을 이뤄내지 않을까. 모든 연구팀은 영하 183°C에도 벗겨지지 않는 특수 페인트로 1단 한가운데에 발사체의 이름을 한 땀 한 땀 새기며 한마음, 한뜻으로 발사 성공을 기원했다.

나로호 발사 D-데이

발사 캠페인[8]에 들어가려면 기술 측면에서 발사가 가능하다는 판단이 서고 국내외 행정 처리도 완료해야 한다. 수많은 난관과 장애를 극복한 우리는 마침내 나로호의 발사대 기립을 결정했다. D-데이는 2009년 8월 19일 오후 5시였다.

나로호 발사를 이틀 앞둔 2009년 8월 17일, 그날은 새벽 5시부터 이슬비가 내렸다. 평소 같으면 아무렇지 않게 넘길 날씨였

---

8   발사를 준비하는 일련의 과정과 발사, 발사 후 처리 과정을 통칭함.

지만 그날만큼은 모든 연구원이 날씨 변화에 촉각을 곤두세웠다. 나로호가 드디어 조립동에서 나와 발사대로 이동하는 날이었기 때문이다.

전남 고흥 나로우주센터에서는 나로호의 이송 승인을 위해 당일 꼭두새벽부터 비행시험위원회 Flight Test Committee, FTC가 열렸다. 비행시험위원회는 발사에 참여하는 모든 분야 책임자가 한자리에 모여 기술사항을 공유하고 의문점을 확인하며 발사를 진행해도 좋을지 최종 논의하는 자리다. 이 위원회는 통상 두 차례, 즉 발사 이틀 전과 발사 당일 진행한다. 나로호 발사를 앞두고 한-러 전문가 30여 명이 모여 비행시험위원회를 두 차례 열었다.

첫 번째 비행시험위원회(D-2)에서는 그동안 조립동에서 작업한 나로호의 상태와 발사 준비 상황 정보를 공유했다. 먼저 러시아 연구자들이 나로호 1단 엔진과 1단 제어 시스템, 1단 원격측정 시스템, 총조립한 1단의 상태 등을 공유했다.

우리 연구팀 측은 나로호 상단과 인공위성 준비 상황, 발사대·추적레이더·원격측정지상국 발사 시설 준비 상황을 발표했다. 뒤이어 러시아 측이 나로호 이송과 관련한 작업 스케줄을 보고하고 최종적으로 위원장을 맡은 내가 나로호 이송을 승인했다.

조립동부터 발사대까지의 거리는 약 1.5km로 걸어도 15분이면 충분히 이동할 수 있는 거리지만 나로호를 이송하는 데는 한 시간 이상이 걸린다. 길이 꼬불꼬불하고 가파른 데다 이동 중 나로호에 충격이 가해지지 않도록 특수 설계한 무진동 차량 두 대에 나로호를 수평으로 실어 시속 2km 속도로 이송하기 때문이다.

오전 8시 15분, 조립동을 출발한 나로호는 9시 30분경 발사대에 도착했다. 한-러 연구팀은 이동 과정에 문제가 없었는지 나로호를 다시 한번 점검했다. 그리고 오후 3시 이렉터를 이용해 나로호를 천천히 수직으로 세웠다. 수직으로 세워 연료를 주입하기 때문에 수직 상태에서 각종 공급선의 연결 상태 등을 확인해야 했다. 나로호 기립 작업과 점검 작업은 밤 10시까지 이어졌다. 문제점은 없었다.

다음 날인 8월 18일 오전 9시, 나로호 발사 종합리허설을 시작했다. 종합리허설은 나로호에 연료만 넣지 않을 뿐 실제 발사와 똑같이 진행한다. 그 목적은 발사 명령을 내렸을 때 나로호에 탑재한 제어 시스템이 정상 작동하는지, 발사대 시설에 이상은 없는지, 발사 이후 나로호를 추적할 레이더 장비가 문제없이 움직이는지 등을 점검하는 데 있다. 다행히 오전 종합리허설은 큰 문제 없이 순서대로 이뤄졌다.

그러던 중 오후 3시경 갑자기 전화벨이 울렸다. 김대중 전 대통령이 서거했다는 소식이었다. 이미 나로호를 발사대까지 옮긴 상황에서 어떻게 해야 할지 판단하기가 어려웠다. 머릿속이 혼란스러웠다. 그때 다시 한번 전화벨이 울렸다. 이럴 때일수록 발사 준비에 더욱더 만전을 기하라는 정부 측 연락이었다. 우리는 침착한 분위기 속에서 밤 10시까지 종합리허설을 진행했다. 그렇게 리허설은 예정대로 이뤄졌고 결과는 정상이었다.

D-1 작업에서 가장 중요하게 점검하는 것은 나로호에 탑재한 제어 시스템의 이상 유무를 확인하는 일이다. 이것은 한국과 러시아가 각각 수행했다. 우리 연구팀 측 결과는 보통 오후 3시 이전에 나오지만 러시아 측 결과는 밤 9~10시에 나오기 때문에 발사 작업 시작 몇 시간 전까지 모든 서브시스템 책임자, 통제원, 담당자가 대기해야 하는 어려움이 있었다. 나로호의 D-1 리허설에서 문제가 된 것은 없었으나 한국의 독자 시스템을 개발할 때는 이러한 불편함과 어려움이 없도록 해야겠다는 생각에 한국형 발사체 설계에 반영했다.

두 번째 비행시험위원회(D-0)가 열린 8월 19일 오전 9시, 위원회는 예정대로 발사 시작을 선언했다. 이틀 동안 진행한 발사 준비 상황과 발사 시각, 날씨, 발사 작업 스케줄을 종합 검토한 결과 발사 준비를 완료했다는 판단이 선 것이다.

발사 예정 시각은 오후 5시지만 발사 작업은 오전부터 바쁘게 이뤄졌다. 무엇보다 발사체에 연료와 산화제를 충전하는 작업에 가장 많은 시간이 들었다. 오후 3시경 우리는 1단 연료 탱크에 충전을 시작했고 뒤이어 곧바로 산화제인 액체산소 주입을 개시했다. 충전 작업은 순조로웠다. 상단 자세제어 시스템에 필요한 질소가스 충전이 평소 연습할 때보다 조금 더디게 이뤄졌으나 그것이 문제로 이어지지는 않았다.

발사 당일 안전 문제에도 철저히 대비했다. 우선 발사대 남쪽으로 나로호의 비행 방향에 있는 광도와 평도 주민들이 미리 대피하게 했다. 무인도에서 낚시를 즐기던 사람들도 자리를 옮기게 했다. 그리고 나로호의 움직임을 원격측정하기 위해 수신장치를 탑재한 해양경찰청 함정이 나로우주센터에서 남쪽으로 약 1,700km 떨어진 필리핀 동부 해상으로 나가 대기했다. 그곳의 파고는 1m 이하로 양호한 편이었다.

발사 50분 전, 나로호를 꼿꼿이 세워놓았던 이렉터를 철수하면서 현장의 긴장감은 더욱 고조됐다. 발사 15분 전, 발사까지 900초가 남은 시점에서 마침내 발사 관제 시스템이 자동 초읽기Countdown를 시작했다.

초읽기는 미리 입력한 컴퓨터 프로그램에 따라 100% 자동으로 이뤄진다. 수동 작업은 불가능하며 이상 상태를 감지하면 초읽기를 자동으로 멈춘다. 이 같은 자동 초읽기는 인적 오류Human Error(사람의 실수)를 최소화해 발사 성공률을 조금이라도 높이기 위한 방편으로 채택한 것이다.

이륙 시간이 다가올수록 발사 운용 요원들의 긴장은 극도로 심해진다. 실제로 나로호를 발사할 때 숨이 멎을 것 같았다는 연구원도 있었고 심신 안정을 위해 우황청심원을 먹은 연구원도 있었다. 이런 상황에서 사람이 수동으로 초읽기를 하면 치명적인 실수가 발생할 수 있다.

우리는 눈앞에서 역사적인 나로호 1차 발사를 목격하고 있었다.

'900초 전, 899초 전, 888초 전….'

자동 초읽기는 침착하고 무심하게 숫자를 세어 내려갔다.

'479초 전, 478초 전, 477초 전….'

연구원들은 모두 손에 땀을 쥐고 자동 초읽기 숫자만 바라봤다. 발사통제동 내에는 숨 막히는 정적만 흘렀다.

476초 전, 갑자기 내부가 웅성거리기 시작했다. 발사 초읽기 시계가 멈춘 것이다. 나로호 이륙 7분 56초 전이었다.

처음에는 믿기지 않았다. 눈을 몇 번 껌뻑거리고 다시 시계를 바라봤다. 그동안 수많은 연습 과정에서 너무 오랫동안 시계를 집중해서 응시하다 보면 멀쩡하게 잘 가는 시계가 멈춘 것처럼 보인 적이 한두 번이 아니었다. 그러나 이번에는 몇 번을 다시 봐도 시계가 멈춰 있었다. 이륙 준비 과정에서 이상을 감지해 초읽기가 자동으로 멈춘 것이었다.

우리는 발사 중지를 선언하고 그동안 연습한 것처럼 나로호에 채운 추진제를 배출했다. 동시에 자동 초읽기가 중단된 원인을 파악하기 시작했다. 물론 대외 보고 자료도 작성했다.

1차 원인은 1단 엔진제어용 고압 탱크의 내부 압력 저하로 보였다. 비행 중인 나로호의 1단 엔진을 제어하기 위해 1단의 고압 탱크에 헬륨가스를 220기압으로 충전하고 이륙하는데, 고압 탱크 내부 압력이 그보다 낮게 감지된 것이다. 나로호 이륙 전 발사 준비 단계에서도 이 고압 탱크의 헬륨가스를 사용하고, 사용 후에는 바로 보충하면서 발사 준비를 진행한다. 자동 초읽기 운용 프로그램은 고압 탱크의 헬륨 충전 상태를 압력 센서로 감지해 설정한 기준압력보다 낮으면 중단하도록 설계되어 있다. 이에 따라 고압 탱크의 내부 압력이 설정한 값보다 낮게 감지되면서 자동 초읽기가 멈춘 것이었다.

이는 고압 탱크의 내부 압력을 계측하는 시간을 잘못 설정해서 생긴 실수였다. 발사 준비 과정에서 헬륨을 사용하므로 사용한 헬륨만큼 다시 보충해서 나로호를 이륙시켜야 하는데, 자동 발사 시스템은 헬륨을 보충하기 전에 고압 탱크의 내부 압력을 계측하도록 프로그램이 설정되어 있었다.

사전 연습에서 이를 발견하지 못한 것은 실제 상황과 연습 상황의 차이였다. 지상 검증용 기체로 진행하는 발사 연습에서는 모형 엔진을 사용하기 때문에 헬륨가스 사용량이 실제보다 적다. 아무리 연습을 실전처럼 하려 해도 구조적으로 부족한 부분이 있을 수밖에 없다는 걸 다시 한번 깨달았다.

발사를 중단하고 추진제를 배출해도 나로호를 곧바로 조립동으로 철수할 수는 없다. 나로호 기체의 가장 큰 부분을 차지하는 산화제 탱크에는 영하 183°C의 액체산소가 95t이나 충전돼 있어서 액체산소를 배출한 뒤에도 산화제 탱크의 온도가 아주 낮다. 그래서 다음 날 오전까지 10시간 이상 그대로 두어 온도가 높아져야 나로호를 상온 상태로 되돌릴 수 있다.

우리는 상온 상태의 나로호를 다시 조립동으로 옮겨 각종 점검을 수행했다. 물론 나로호는 극저온에 견디도록 제작했지만 극저온과 상온을 오가면서 기체가 줄어들고 늘어나는 과정을 거치기 때문에 나로호의 기밀氣密 상태를 처음부터 다시 점검해야 한다. 나로호를 철수한다는 말은 비행시험위원회 개최를 포함해 앞서 수행한 모든 발사 준비 과정을 다시 한번 반복해야 한다는 뜻이었다.

발사 중단 원인을 파악하고, 이를 토대로 발사 준비 운용 프로그램을 수정하고, 수정한 프로그램을 다시 검증해 새로운 발사 날짜를 잡는 데 꼬박 일주일이 걸렸다. 우리는 한-러 협의, 정부에 보고하기, 언론에 설명하기 등 업무도 진행했다.

발사 중단 원인을 제거하고자 발사 준비 운용 프로그램을 수정하고 검증 작업을 반복 수행한 결과 우리는 기존 문제는 해결했다고 판단했다. 나를 비롯한 연구팀은 '그래도 발사 7분 56초 전까지는 문제없이 진행됐다'는 긍정적인 생각으로 마음을 다잡으며 이후의 작업을 완벽하게 진행하는 데 집중했다.

8월 21일 비상 비행시험위원회를 개최한 우리는 8월 25일 발사하기로 결정했다. 8월 23일 나로호를 발사대로 이송하고 8월 24일 종합리허설을 한 뒤 8월 25일 발사하는 과정이었다. 준비 작업을 두 번 하다 보니 진행은 더욱 순조로웠다. 그저 다음 발사 시도에는 반드시 성공하리라는 마음뿐이었다. 그리고 나흘 뒤인 8월 25일 우리는 다시 발사를 시도했다.

운명의 9분

'5, 4, 3, 2, 1, 0.'

자동 초읽기 시계가 0을 가리키는 순간 '쿠쿠쿠쿠쿵' 하는 굉음과 함께 나로호 1단 엔진에서 수증기가 뭉게구름처럼 피어올랐다. 엔진이 가동하면서 분출하는 2,000°C짜리 연소가스가 발사대를 녹이지 않도록 초당 1,400L의 물을 쏟아부어 생긴 수증기였다.

곧이어 나로호는 거대한 불꽃을 내뿜으며 이륙했다. 그 진동이 발사대 반경 2km 땅을 뒤흔들었다. 날개 하나 없는 140t짜리 발사체는 중력을 거스르며 상승하더니 이내 작은 점으로 멀어졌다. 발사통제동에 있던 연구원들은 모두 나로호에서 눈을 떼지 못했다. 2009년 8월 25일 오후 5시, 나로호의 역사적인 첫 비행이었다.

발사통제동은 흥분으로 들썩였다. 일주일 전 1차 발사 시도에서는 이륙 7분 56초를 남겨두고 자동 초읽기 시계가 멈춰 아쉽게 나로호를 발사대에서 철수해야 했으나 이번에는 달랐다. 900초가 순조롭게 지나갔다. 날씨도 우리를 돕는 듯 화창했다.

그런데 이륙한 지 9분쯤 지났을까, 나로호 2단에 탑재한 위성을 추적하던 연구원이 다급히 외쳤다.

"위성이 궤도 진입에 실패했습니다!"

나로호에 실린 위성은 이륙 540초 후 306km 고도에서 분리될 예정이었다. 나로호는 이륙 54.3초 후 음속 돌파, 215.4초 후 페어링 분리, 231.7초에 1단 분리, 395초에 2단 엔진 점화, 452.7초에 2단 엔진 연소 종료, 540초에 위성 분리가 차례로 이뤄지도록 탑재 컴퓨터에 사전 프로그램한 상태였다.

대체 어떤 단계에서 문제가 있었던 걸까. 우리는 신속히 나로호가 전송한 데이터를 분석했다. 그리고 잠시 뒤 곳곳에서 탄식이 쏟아졌다. 나로호 2단에 부착한 카메라에 찍힌 사진을 보는데 나로호 2단의 한 쪽 페어링이 분리되지 않고 그대로 남아 있는 게 아닌가.

페어링은 두 쪽으로 이뤄져 있는데 계획대로라면 고도 177km 상공에서 양쪽이 동시에 떨어져 나가야 했다. 그런데 한 쪽 페어링이 끝내 분리되지 않았고 맨 마지막 단계인 위성 분리 시점에야 떨어졌다.

이는 결국 위성 속도를 떨어뜨리는 결과를 초래했다. 위성이 궤도에 진입하려면 초속 약 8km로 비행해야 하는데 페어링 한 쪽 무게(약 330kg)가 늘어난 탓에 위성이 초속 약 6.2km로 비행한 것으로 분석됐다.

궤도에 안착하지 못한 위성은 추락할 수밖에 없다. 비행 궤적을 계산하니 호주 북부 사막지대 방향으로 낙하한 것으로 나타났다. 비행하는 물체가 300km 넘는 고도에서 초속 5km 이상 속도로 추락하는 경우 공기역학적 마찰열로 거의 다 타버리기 때문에 잔해물이 지상과 충돌할 가능성은 희박하다.

당시 많은 전문가가 그 발사를 "절반의 성공" 혹은 "부분 실패"라며 긍정적으로 평가했다. 비록 위성이 궤도에 진입하는 데는 실패했으나 페어링 분리 외에 1단과 2단의 성공적 분리, 2단 엔진의 안정적인 연소 그리고 위성 분리까지 차질없이 이뤄졌다는 점에서 절반의 성공으로 볼 수 있다는 것이었다.

사실 위성이 궤도 진입에 실패한 뒤 낙하하는 과정에서 배운 점도 있었다. 우주에서 대기권으로 물체를 재진입시키는 기술은 발사체 연구에서 매우 민감한 영역에 속한다. 위성발사체와 대륙간탄도미사일의 가장 큰 차이는 바로 우주로 보낸 물체의 대기권 재진입 여부다. 즉, 재진입하면 미사일이고 그렇지 않으면 위성이다. 이에 따라 재진입 관련 실험을 수행하는 것은 국제적으로 허용받기 어려운데 추락한 위성이 대기권에 재진입하면서 이는 재진입과 관련된 러시아의 경험을 습득하는 계기가 됐다.

하지만 발사 3일 뒤 꾸려진 나로호 발사조사위원회는 절반의 성공이 아니라 절반의 실패와 연구진의 무능함에 더 집중했다. 발사조사위원회는 5개월에 걸친 조사 끝에 페어링이 정상적으로 분리되지 않은 이유를 두 가지로 추정해 발표했다.

하나는 발사 후 216초에 페어링 분리 명령이 나온 뒤 페어링 분리 장치로 고전압 전류를 공급하는 과정에서 전기배선 장치에 방전이 생겨 페어링을 분리해낼 화약이 제대로 폭발하지 않았을 가능성이었다. 다른 하나는 216초에 화약은 정상적으로 폭발했으나 이후 페어링 분리 장치가 불완전하게 작동해 기계적 끼임 현상 등의 이유로 페어링 한 쪽이 정상적으로 분리되지 않았을 가능성이었다.

발사조사위원회는 그에 따른 개선 방안도 제안했다. 그것은 전기배선 장치에 방전이 생기지 않도록 연결 부위를 몰딩moulding 처리하고, 페어링 분리 화약의 기폭 신뢰성을 높이기 위해 기폭 회로 구성을 보완하며, 발사체 조립 과정에서 페어링 분리 장치의 조립상태를 확인하는 검사를 강화하는 방안이었다.

안타깝게도 그 과정에서 발사조사위원회 위원들과 한국항공우주연구원 연구원들 사이에 깊은 불신의 골이 생겼다. 물론 실패 원인을 철저히 분석해 반면교사로 삼는 것은 반드시 필요한 일이다. 그러나 국내에 우주발사체를 개발하고 발사해본 전문가가 없는 상황에서 기술적으로 의미 있는 사고 조사는 사실상 불가능에 가까웠다. 더구나 발사조사위원회에는 나로호 개발에 직접 참여한 연구원이 단 한 명도 없었다.

우리는 답답한 마음에 해외 전문가들에게 자문을 구했다. 사고 조사는 발사체 개발 경험이 많은 해외에서도 어려운 주제였다. 1950년대부터 일본의 발사체 개발을 이끈 고다이 도미후미五代富文는 "개발 초기에 많은 실패가 있었는데 어떻게 사고 조사를 했는가?"라는 질문에 "초기에는 사고가 일어나도 사고 조사를 할 수 없었다"라며 "전문가가 없는데 누가 조사를 할 수 있겠는가?"라고 되물었다.

나로호를 함께 쏘아 올린 러시아 측 전문가들도 "사고 조사는 개발한 사람만이 할 수 있다"라고 조언했다. 그렇지만 나로호 발사 실패는 연구원들을 마치 죄인처럼 주눅 들게 만들었고, 그런 분위기에서 연구원들이 할 수 있는 말은 없었다.

과학자를 향한 비과학적인 오해

무엇보다 가슴 아팠던 일은 나로호 개발에 참여한 모든 연구진이 무능하다고 낙인찍히는 일이었다. 심지어 '나로호가 이륙할 때 약간 기우뚱했는데 그때부터 조짐이 안 좋았다' '나로호 엔진이 바뀌었다' 등 괴담에 가까운 소문도 돌았다.

　나로호는 이륙할 때 실제로 북동쪽으로 잠깐 기우는 게 맞다. 이륙 직후 10여 초간 회피기동을 하기 때문이다. 나로호가 분출하는 화염이 발사대 시설에 손상을 주는 것을 최소화하기 위해 나로호는 몸을 살짝 틀어 화염 방향을 발사대 바깥으로 돌리도록 설계했다. 이 모습을 보고 부정적인 조짐을 논하는 것은 그 자체로 비과학적인 일이다.

　또 몇몇 사람은 러시아에서 연소 시험을 진행한 엔진과 실제 나로호에 적용한 엔진이 다르다고 주장했다. 러시아 엔진 개발기업 에네르고마시가 2009년 7월 30일 연소 시험을 진행한 엔진은 RD-191로 나로호에 탑재한 RD-151 엔진과 다르다는 것이었다. 부랴부랴 러시아 측 인증서를 공개하고서야 소문은 겨우 잠잠해졌다. 인증서는 러시아가 연소 시험을 진행한 엔진은 나로호와 같은 RD-151이고, RD-151은 RD-191을 나로호에 맞게 튜닝한 엔진이라는 내용이었다.

　한편에서는 나로호 발사 예정일을 지정하는 시점을 두고 나로호를 추운 날씨에 발사할 수 없다는 얘기가 나왔다. 겨울이 가까워질수록 발사가 가능한 발사 윈도 시각[9]이 줄어드는 건 사실이지만 발사는 계절을 불문하고 할 수 있다. 더구나 나로호는 영

9　　우주발사체를 발사할 수 있는 특정 시간. 발사 후 위성이 궤도에 올라 태양 광선의 영향을 받을 수 있도록 적합한 시간을 정한다.

하 183°C의 액체산소를 사용하는데 날씨가 춥다고 발사할 수 없다는 것은 발사체의 작동 원리와 운용 과정을 모르고 오해를 해서 나온 말이다.

매일매일 수많은 논란을 해명하던 우리 연구원들은 도전적인 연구를 하는 것은 몹시 고통스러운 일이고, 특히나 실패하면 한없이 비참해진다는 것을 새삼 깨달았다. 우리는 모든 연구 과정을 성실하게 수행했다. 하지만 목표를 달성하지 못했을 경우 '성실실패'로 인정해 모험적인 연구를 계속할 수 있게 보호하겠다는 성실실패제도[10]의 공허함을 느낀 것도 사실이다.

그 시기는 끝내 나로호 발사에 성공하겠다는 목표가 없었다면 결코 버틸 수 없었을 어둡고 긴 터널 같은 시간이었다.

발사조사위원회 공식 발표 내용

사고 조사의 본질은 기술에 있다. 다시 말해 사고조사위원의 경험과 기술 수준이 개발자보다 높아야 사고 조사가 가능하다. 2009년 8월 나로호 1차 발사 실패 이후 구성한 나로호 발사조사위원회는 5개월 동안 활동한 뒤 이렇게 공식 발표했다.

---

10   목표한 연구 결과를 달성하지 못해도 성실한 연구 수행 사실이 인정되면 국가연구개발사업 참여 제한이나 사업비 환수 등의 불이익 조치를 면제받는 제도.

〈나로호 발사조사위원회 공식 발표 내용〉(2010. 2. 8.)

• 나로호 발사조사위원회(이하 조사위원회)는 나로호 발사 직후인 2009년 8월 28일 구성해 나로호 페어링 비정상 분리 상황에 관한 객관적 원인 규명과 향후 개선 방안 도출을 위해 지금까지 많은 노력을 기울여왔음.

• 조사위원회는 지난 5개월간 총 13차에 걸친 공식회의를 개최했으며 조사위원회 산하 '페어링 전문 조사 TF팀'은 지금까지 총 25회의 검토회의를 개최하였음.

• 조사 과정에서 나로호 원격측정 정보 등 총 5,200여 건의 관련 문서를 검토했으며 한국항공우주연구원과 공동으로 총 30회의 시스템 지상 시험과 380회의 단위부품 성능 시험을 실시했음.

• 조사위원회는 지난해 11월 중간 조사 결과를 발표하면서 페어링 비정상 분리의 원인으로 페어링의 구조적 문제점 발생 가능성과 전기회로 문제점 발생 가능성을 제시한 바 있음.

• 중간 발표 이후 조사위원회는 원인 규명을 위한 지상 시험을 집중 실시해 보다 구체적인 발생 원인과 개선 대책을 찾아내는 데 주력했음.

• 페어링 비정상 분리 원인을 찾아내기 위해 조사위원회는 문제가 된 페어링(니어Near 페어링)의 비정상 분리 상황을 우선 정밀 분석했음.

• 니어 페어링의 비정상 분리 상황을 원격측정 정보와 지상 시험으로 분석한 결과는 다음과 같음.

    − 216초에 관성항법 유도 장치INGU에서 페어링 분리 명령은 정상적으로 발생했고 분리 명령으로 페어링 분리 구동 장치Fairing Separation

Driving Unit, FSDU에서 페어링 분리 장치 구동을 위한 고전압 전류도 정상 출력되었음.

- 다음 단계인 페어링 분리 구동 장치에서 발생한 고전압 전류를 페어링 분리 장치로 공급하는 과정과 페어링 분리 기구 작동 과정에서 문제점이 발생했을 가능성이 큰 것으로 분석했음.
- 540.8초에 니어 페어링이 최종 분리된 것은 위성과 나로호 상단의 충돌로 발생한 것으로 추정됨.

• 조사위원회는 니어 페어링의 비정상 분리 상황 분석을 토대로 니어 페어링 비정상 분리에 관해 다음과 같이 추정 원인을 제시하였음.

- 216초에 페어링 분리 명령 발생 이후 페어링 분리 구동 장치로부터 페어링 분리 장치로 고전압 전류를 공급하는 과정에서 전기배선 장치에 방전이 발생해 분리 화약이 216초에 폭발하지 않았을 수 있음.
- 216초에 분리 화약은 폭발했으나 분리 화약 폭발 이후 페어링 분리 기구가 불완전하게 작동해 분리 기구 내부에 기계적 끼임 현상 등이 발생함으로써 니어 페어링이 216초에 분리되지 않았을 것으로 추정됨.

• 추정 원인은 나로호의 원격측정 정보, 분리 화약 기폭회로에 관한 지상 시험, 페어링 분리 시험과 위성분리 후 위성의 운동 특성에 관한 시뮬레이션 등으로 얻어낸 결과임.

• 추정 원인을 한 가지로 제시하지 않은 것은 나로호 상단 실물을 확인할 수 없는 상황에서 나로호 원격측정 정보와 지상 시험 결과만으로 어

우리는 로켓맨

느 한쪽을 최종 원인으로 단정하기에는 한계가 있기 때문임.

• 나로호 2차 발사 시 페어링이 정상 분리되도록 하기 위해 발생 가능한 모든 잠재적 문제점을 해결한다는 측면에서 추정할 수 있는 원인을 모두 문제점으로 제시하기 위한 것임.

• 추정 원인에 따른 개선 방안도 함께 검토했으며 구체적인 내용은 다음과 같음.

  – 전기배선 장치의 방전 방지를 위해 전기배선 장치 부품으로 1차 발사 때 사용한 제품보다 방전 방지 효과가 더 큰 제품을 사용하고 케이블 연결 부위를 방전이 일어나지 않게 몰딩 처리하는 것이 필요함.

  – 페어링 분리 화약 장치의 기폭 신뢰성을 높이기 위해 기폭회로 구성을 보완해 한 쪽 페어링 분리 구동 장치에서 문제가 발생해도 나머지 다른 한 쪽 페어링 분리 구동 장치로 분리 화약이 기폭되도록 하는 것이 필요함.

  – 페어링 분리 기구의 분리 성능 향상을 위해 전단핀 전단 시스템의 절단 성능 향상, 페어링 분리 기구 내부 부품의 변형 방지 대책을 마련할 필요가 있음.

  – 조립 과정의 작업관리와 품질관리를 강화하는 측면에서 페어링 분리 장치 조립상태 확인을 위한 비파괴검사 강화 등이 필요함.

  – 끝으로 앞에서 제시한 개선 대책 효과를 최종 확인하기 위한 검증 시험 실시가 필요함.

• 나로호 조사위원회는 나로호 2차 발사 성공을 궁극적인 조사 목표로

두고 지난 5개월 동안 노력해왔음.

• 조사 과정에서 도출한 개선 방안을 차질 없이 준비한다면 나로호 2차 발사 때는 페어링이 정상적으로 분리될 것으로 예상함.

• 이번 조사 과정에서 저진공 환경에서의 방전 발생 가능성, 페어링의 기계적 분리 과정에서 발생 가능한 진동 유형 등을 시험으로 새롭게 확인했으며 이는 향후 한국형발사체 개발에 많은 도움을 줄 것으로 기대함.

• 페어링 문제뿐 아니라 나로호 발사와 관련된 전반적인 사항을 점검함으로써 나로호 2차 발사 준비에 기여할 수 있을 것임.

7장
계속되는 도전

절치부심, 두 번째 도전

2009년 8월 나로호 1차 발사가 실패로 돌아간 뒤, 다음 발사를 준비하는 약 10개월은 기나긴 인고의 시간이었다. 연구원들은 주말도 자진 반납하고 발사 실패 원인을 파악하기 위한 실험 준비와 자료 분석에 매달렸다. 나로호 발사는 오랫동안 준비한 국가사업으로서도 중요했지만 연구원들의 자존심이 걸린 문제이기도 했다. 개중에는 아버지의 칠순 잔치를 발사 성공 이후로 미룬 연구원도 있었고 "이제 초등학생인 딸도 페어링이 뭔지 알 정도"라고 말하는 연구원도 있었다.

　1차 발사는 발사체 최상단에 있는 페어링 두 쪽 중 하나가

제때 분리되지 않아 위성을 궤도에 올리는 데 실패했다. 우리는 페어링이 분리되지 않은 원인을 밝히기 위해 페어링 분리 실험을 일곱 차례나 진행했다.

나로호가 실제로 이륙하는 환경보다 진동을 6배 강하게 만들어 실험하기도 하고, 우주 공간과 비슷한 환경인 대형 진공 챔버에 넣어 실험하기도 했다. 부품이나 시스템 점검 시험까지 치면 모두 400회의 시험을 진행했다. 막판에는 페어링에 금이 가 급히 다시 주문해야 할 정도였다.

하지만 1차 발사 때와 같은 페어링 비정상 분리 문제는 단한 번도 발생하지 않았다. 이는 그만큼 극한 환경에서 작동하는 발사체를 개발하는 것이 섬세하고 어려우며 경험이 필요한 일이라는 방증이었다. 나로호 조사위원회도 2010년 2월 최종 조사 결과 발표에서 페어링에 기계적 혹은 전기적 결함이 있었을 것으로 추정하는 데 그쳤다.

2010년 3월 18일 나는 나로호 2차 발사 준비 업무보고를 위해 청와대에 다녀왔고, 3월 19일에는 교육과학기술부 담당국장이 연구진을 격려하려고 대전 연구원을 방문했다. 이렇게 2차 발사 분위기가 형성되면서 3월 23일 연구진은 다시 고흥 나로우주센터로 내려갔다. 우리가 책임지는 상단부를 점검하고 총조립 작업을 진행하면서 러시아에서 오는 1단 이송 준비도 병행하기 위해서였다.

2차 발사는 모든 과정이 1차 발사와 똑같이 이뤄졌다. 그렇지만 우리는 2차 발사에 더욱 집중했다. 러시아에서 제작한 발사체 1단을 인도받아 우리가 제작한 2단을 조립하고 맨 마지막으로 2단에 위성을 싣는 과정이었다. 이를 위해 우리는 2010년 3월부터 '발사 모드'에 본격 돌입했다. 1차 발사 이후 고국으로 돌아간 러시아 연구진과 대전 한국항공우주연구원에서 일하던 연구원들이 다시 전남 고흥 나로우주센터에 모였다.

러시아에서 제작한 나로호 1단은 3월 31일 러시아 모스크바에서 출발해 4월 4일 김해공항에 도착했다. 김해공항부터 나로우주센터까지는 해군 호위를 받으며 바지선으로 이송할 계획이었다. 한데 3월 26일 백령도 서남방 2.5km 해상에서 해군 소속 천안함이 폭침되는 국가적 참변이 일어났다.

이 사건은 우리 사회 전반에 영향을 미치지 않은 곳이 없지만 나로호 발사 준비에도 적지 않은 영향을 주었다. 김해공항에 도착한 나로호 1단을 바지선에 실어 우주센터로 이송할 때 해군의 호위를 받아야 하는데 천안함 사태로 해군의 지원을 받기가 어려웠다. 북한의 도발이 있은 직후라 이송 보안에 더욱더 신경이 쓰이는 판에 해군의 지원을 받지 못하자 부담이 훨씬 컸다.

다행히 1단과 상단은 모두 문제없이 우주센터에 도착했고 우리는 발사 준비를 위한 조립·점검 작업을 시작했다. 지상 검증용 기체를 이용한 연습 경험, 1차 발사 준비 경험이 있었기에 작업은 비교적 순조롭게 이뤄졌고 시행착오도 많이 줄어들었다. 2010년 4월 19일 한-러 양측이 2차 발사 날짜를 협의한 결과, 작업 진척도와 준비 상황 등으로 볼 때 6월 9일 발사가 가능하다고 정부에 건의했다.

한국은 참 운이 좋다고?

세상일이란 것은 무엇 하나 쉽게 넘어가는 법이 없는 것 같다. 1차 발사 준비 경험으로 어느 정도 자신이 있던 2차 발사 점검 중에도 예상치 못한 문제가 발생했다. 나로호에 고압 공기와 질소가스를 공급하는 온도조절 장치의 4개 엔진 중 하나가 출력 저하 현상을 보인 것이다.

그 원인은 엔진과 압축기 사이의 조율을 잘못한 것과 기름 냉각기 Oil Cooler 누설 등에 있었다. 온도조절 장치에 이상이 생기면 더는 발사를 진행할 수 없으니 비록 지상 장비여도 심각한 문제였다. 우리는 엔진 제작사 엔지니어들과 정비 작업을 해서 어렵사리 문제를 해결했다.

인공위성과 나로호 2단을 조립하는 공간은 단위부피(ft³)당 먼지 수가 500개 이하로 청정한 상태를 유지해야 한다. 청정도 유지 시설은 나로호 이전에도 많이 사용했기 때문에 익숙한 부분이었다.

그런데 어느 날 나로우주센터의 위성조립동 단위부피당 먼지 수가 6,000개를 넘겼다. 지하 기계실에 있는 공조기가 고장 나면서 화재경보기가 작동해 오염에 노출된 것이다. 그 상태로 발사를 진행하면 안 되기 때문에 인공위성과 나로호 2단은 다시 청정화 작업과 작동 시험을 거쳤다. 새삼스레 무엇 하나 쉽게 넘어가는 게 없구나 하는 생각이 들었다.

그 외에 발사대를 수평 상태에서 수직 상태로 기립할 때 유압펌프 2기가 작동해야 하는 구간에서 1기만 작동하는 현상, 상단부 구동 장치 시험 과정에서 서브 제어기가 멈추는 현상 등 소소한 문제가 있었으나 모두 해결했다.

2차 발사 날짜는 그해 6월 9일로 잡혔다. 빨리 발사하는 것보다 발사에 성공하는 것이 더 중요하다는 생각으로 실패 원인 분석과 보완 작업의 진척 상황을 봐가며 신중하게 결정한 날짜였다. 대망의 2차 발사 이틀 전(D-2), 다시 한번 나로호를 발사대에 세우는 우리의 마음은 말로 다 표현할 수 없을 만큼 벅찼다. 지난해 1차 발사의 실패를 되풀이하지 않기 위해 얼마나 많은 확인 시험과 점검을 거쳤던가!

기립 작업은 당초 계획보다 5시간이나 늦어졌다. 나로호를 조립동에서 발사대로 이송해 오후 4시경 기립할 계획이었는데, 발사대로 이송한 나로호를 점검하는 과정에서 갑자기 나로호와 지상 장비 간 통신이 이뤄지지 않았다.

가슴이 철렁 내려앉았다. 국내 언론들이 나로호 발사 과정을 생중계하듯 일거수일투족을 보도하는 상황이었다. 1차 발사가 실패해서 그런지 러시아 측 협력회사 사장단도 대거 입국해 지켜보고 있었다. 다행히 몇 시간 뒤 작업자의 단순 실수로 밝혀져 캄캄해진 오후 9시 10분경 나로호를 기립할 수 있었다.

한데 진짜 복병은 따로 있었다. 발사 당일인 6월 9일, 연구원들은 오전 9시부터 발사 운용을 시작했다. 그들은 각자 맡은 시스템 운용 과정을 머릿속으로 그리며 차근차근 발사 프로세스를 밟았다. 이윽고 추진제를 주입하기 위한 모든 점검을 마치고 액체산소를 주입하려 탱크 냉각 작업을 끝냈다.

그때 갑자기 '쏴아~' 하는 소리가 들려왔다. 발사 2시간 57분 전, 느닷없이 발사대 소방 설비에서 소화액이 분출하기 시작한 것이다. 발사 시작 후 엔진이 2,000°C짜리 불꽃을 내뿜으면 작동해야 할 설비가 대체 왜 준비 단계에서 작동한단 말인가!

설상가상으로 발사통제동에서 원격으로 소화액 분사 중지 명령을 내보냈으나 먹히지 않았다. 담당자들이 급히 발사대로 뛰어가 발사대 지하 2층에 있는 소방 설비 제어기를 수동으로 조작했다. 소화액은 겨우 잦아들었으나 발사대는 이미 소화액으로 범벅이 됐고 나로호가 발사 가능한 상태인지 확인하려면 또다시 여러 단계의 점검을 거쳐야 했다. 발사 연기가 불가피했다.

그날 밤 러시아 측 나로호 발사책임자 유리 바흐발로프가 말했다.

"한국은 참 운이 좋은 것 같습니다. 나로호에 액체산소를 충전한 상태에서 소화액이 분출했다면 나로호가 폭발할 수도 있었으니까요."

그의 말이 맞다. 온도가 영하 183°C인 액체산소를 충전한 나로호에 상온의 소화액이 닿았다면 나로호는 그 자리에서 폭발했을 것이다. 상상만으로도 머리카락이 쭈뼛 서면서 소름이 돋았다.

다행히 소화액은 액체산소를 충전하기 전에 분출했고 그렇게 분출한 소화액도 나로호에 직접 닿지 않았다. 실제로 나로호 점검 결과에도 특이한 문제점은 나타나지 않았다. 만약을 대비해 몇 가지 부품을 교체하는 선에서 이번 일을 마무리할 수 있었던 건 정말 천운이었다.

나로호가 날아갈 필리핀 동쪽 해상에 원격측정 수신장치를 싣고 나가 있는 해경도 보유한 연료나 음식으로 하루 정도는 더 버틸 수 있다는 연락을 해왔다. 우리는 나로호 발사를 길게 미룰 필요가 없다고 판단했다. 다음 날 곧바로 다시 발사 준비에 돌입했다.

2010년 6월 10일 오후 5시 1분, 나로호는 두 번째 힘찬 비행을 시작했다. 초기 비행은 정상적이었다. 발사 후 54초경 음속을 돌파하고 최대추력으로 수직상승했다. 당시 공군이 구름 속에서 번개를 만들어낼 수 있는 전기 입자들을 모니터링 중이었는데, 그들이 공중에서 촬영한 영상에 빛나는 작은 점이 수직상승하는 모습이 생생하게 담겼다.

그런데 아뿔싸! 137초경 갑자기 통신이 끊겼다. 발사통제동의 대형 스크린에 실시간으로 그려지던 나로호의 비행 궤적이 갑자기 멈췄다. 발사대에서 남쪽으로 40km 정도 떨어진 약 68km 고도에서 폭발사고가 일어난 것이다. 1단에 문제가 생긴 듯했다. 이륙 후 228초 전까지는 1단 엔진이 작동하는 구간이기 때문이다.

당시 나로호는 초속 1.7km로 비행했으므로 비록 폭발했어도 관성력에 따라 발사대에서 남쪽으로 411km 떨어진 공해상에 낙하한 것으로 분석했다. 마침 부근에 있던 우리 해군함정이 나로호의 파편을 수거했다. 처참한 두 번째 실패였다.

KBS에서 방송용 카메라로 잡은 137초의 동영상에서도 폭발 장면을 확인할 수 있었다. 이 영상은 원인 분석에 요긴하게 쓰였다.

실패 원인 규명 작업

137초에 일어난 사고라 사고 직후에는 러시아 전문가를 포함한 대다수가 러시아가 제작한 1단의 문제라고 생각했다(이륙 후 228초까지는 1단 엔진이 작동하는 구간이다). 그러다 다음 날부터 러시아 측의 태도가 달라지더니 급기야 우리가 개발한 킥모터의 비행종단 장치가 오작동했다는 주장을 펴기 시작했다.

킥모터의 비행종단 장치는 킥모터가 잘못 작동할 때 더 큰 사고를 방지하기 위해 킥모터를 폭파하는 장치로 이것이 작동하면 큰 폭발이 일어난다. 러시아 측 주장은 이 폭발로 통신이 끊겼다는 것이었다. 한-러 양측 모두 자신의 주장을 뒷받침할 완벽한 증거가 없었기에 서로의 주장만 되풀이하는 상황이 이어졌다.

결국 양측은 서로의 주장을 검증하고자 지상 재현 시험을 해보기로 했다. 지상 재현 시험 결과, 러시아 측 잘못이라는 확실한 증거를 찾아내지 못했으나 킥모터 오작동이 아니라는 증거는 찾아냈다.

첫째, 비행종단 장치를 의도적으로 작동시켜 킥모터가 폭발하게 하자 비행 시와 확연히 다른 현상이 나타났다. 둘째, 폭발이 일어난 부위의 열유속heat flux 값이 비행 시보다 지상 시험에서 6배 정도 큰 값으로 나타났다. 셋째, 나로호 내부에 탑재한 카메라 영상의 발광發光 소스 분석 결과 비행 시 상황과 지상 재현 시험 상황이 명확히 다르게 나타났다.

우리는 이 시험 결과를 제시하며 러시아 측과 협의했으나 러시아 측은 끝내 비행종단 장치 오작동이라고 주장했다. 심지어 흐루니체프의 부사장이자 러시아 측 나로호 발사책임자인 유리 바흐발로프는 회의 도중 갑자기 책상을 내리치며 "안녕히 가시라"는 말을 내뱉고 회의장을 나가버리는 극단적인 행동까지 보였다. 도저히 있을 수 없는 러시아 측의 무례와 횡포를 보면서 우리는 "기술이 깡패"라는 말을 떠올리며 씁쓸히 회의장을 나왔다.

항우연과 흐루니체프 간의 실패 원인 규명 작업이 헛돌고 있을 때 러시아 연방우주청에서 정부 차원의 독립 조사위원회를 구성하자는 제의가 왔다. 이에 한국 정부가 동의하면서 한-러 공동조사단이 꾸려졌다. 양국 정부는 2011년 7월 모스크바에서 1차 회의를 개최하고 같은 해 10월 서울에서 2차 회의를 개최한 뒤 다음과 같이 합의했다.

〈나로호 한-러 공동조사단 공식 발표 내용〉(2011. 10. 20.)

• 교육과학기술부(장관 이주호)는 나로호 2차 발사 결과의 원인 규명을 위해 지난 10월 18일부터 19일까지 서울에서 제2차 '한-러 공동조사단'을 개최하였다고 밝혔다.

• 동 회의에서 한-러 양측은 지난 7월 27일부터 29일까지 러시아에서 개최한 제1차 FIG 이후 진행한 추가 조사 결과를 공유했다.

• 양측은 동 조사단 1차 회의에서 검토한 다섯 가지 가설 중 가능한 실패 원인으로 양국 조사단의 분석 결과를 각기 명시했다.

• 한국 측은 발사 실패 원인으로 '1단 추진 시스템 이상 작동'에 따른

'1·2단 연결부 구조물 부분 파손'과 이어진 '산화제 재순환 라인과 공압 라인 등의 부분 파손'을 주장하였다.

• 러시아 측은 발사 실패 원인으로 '상단 비행종단 시스템FTS 오작동'을 주장하였다.

• 특히 동 회의에서 나로호 3차 발사와 관련해 한—러 계약 당사자들에게 전달할 네 가지 제안사항을 합의하였다.

① 러시아 측은 항우연에서 비행종단 시스템 개선 활동을 수행하도록 제안했다.

② 한국 측은 흐루니체프에서 단 분리 시스템과 1단 추진기관 시스템의 성공적인 작동을 위해 철저한 검사를 포함한 필요한 조치를 수행하도록 제안했다.

③ 한국과 러시아 측은 항우연과 흐루니체프에 1·2단 간 상호작용을 최소화하는 방법을 마련토록 제안했다.

④ 마지막으로 한국과 러시아 측은 항우연과 흐루니체프에 1·2단의 시스템과 구성품의 작동 신뢰도 개선 활동을 수행하도록 제안했다.

• 동 회의 결과는 항우연과 흐루니체프에 통보하며 양 계약 당사자는 동 회의 결과를 바탕으로 '한—러 공동조사위원회' 제5차 회의에서 3차 발사를 위한 구체적인 개선·보완책을 마련할 예정이다.

조사위원회와의 갈등

1, 2차 발사 실패와 원인 규명 과정을 거치면서 개발에 참여한 연구원들의 가슴에는 너무도 큰 상처가 남았다. 그것이 개인 문제 때문인지, 조직 문제 때문인지는 알 수 없지만 아마도 그것은 평생 치유하기 힘든 상처일 것이다.

　로켓 개발의 최종 단계는 발사다. 발사는 공개해서 진행하기 때문에 성공과 실패를 연구진과 국민이 동시에 확인할 수 있다. 이는 사전 연습도 마찬가지다.

　대한민국은 민간 부문 로켓 개발에서 모두 열한 번 발사가 있었고 그중 네 번을 실패했다. 일단 실패하면 조사를 시작한다. 조사위원회를 구성해 활동을 시작하면 일부 조사위원은 마치 점령군처럼 말하고 행동한다. 심지어 기술 부문은 연구원들이 훨씬 더 잘 알고 있음에도 불구하고 일부 조사위원은 기술적 타당성이 부족한 지적을 하거나 무리한 요구를 한다.

　2차 발사는 나로호가 이륙하고 137초경 단 연결부에서 폭발이 발생해 비행에 실패한 것이다. 조사위원회는 폭발 원인을 규명하기 위해 각종 원격측정 신호 분석과 그에 따른 여러 지상 검증 시험을 요구했다.

　나로호에 장착한 많은 센서 가운데 진동 센서는 나로호 이륙과 비행 중에 발생하는 여러 진동 현상을 계측한다. 물론 센서는 비행 중에 발생하는 진동의 크기와 주파수 등을 사전 예측해 이에 적합한 것으로 선정하고 계측할 범위를 설정해서 탑재·운용한다.

나로호 2차 발사에서는 폭발에 따른 큰 충격이 발생했는데 이는 2단에 장착한 진동 센서가 계측했다. 그러나 충격이 사전 설정한 계측 범위를 크게 초과하면서 진동 센서가 포화Saturation 상태에 놓였고 측정 신호도 계측 상한값으로 제한되는 클리핑 Clipping 현상이 동시에 발생했다.

일반적으로 진동 센서가 포화 상태에 놓이면 일정 시간 동안 정상적인 계측을 하지 못한다. 또한 신호 클리핑 시간과 충격 크기의 상관관계도 알 수 없어서 측정 신호를 분석해 충격 크기 등을 역으로 추정할 수 없다. 다시 말해 과도한 충격으로 진동 센서가 비정상적으로 작동한 탓에 진동 센서가 계측한 값으로 폭발 충격의 입·출력 관계를 유추할 수 없다.

그럼에도 불구하고 조사위원회는 진동 센서 신호 클리핑 시간으로 폭발 충격 크기를 역계산하라는 요구를 했고 그에 따른 많은 논란과 불필요한 지상 검증 시험 강요로 일정을 낭비하게 했다. 발사 실패 원인을 찾기 위해서는 시스템을 정확히 이해하는 한편 논리적인 분석이 필요하다. 따라서 조사위원회는 그런 능력을 갖춘 전문가로 구성하는 것이 필수적이다. 아마추어적 접근은 단지 시간과 예산 낭비만 초래할 뿐이다.

일부 조사위원은 원인 규명을 핑계 삼아 중요한 설계 자료를 빼내려는 불순한 저의로 엄청난 자료를 요구해 연구원들과 갈등을 빚었다. 나로호 2차 발사 이후 우리가 조사위원회에 제출한 자료는 500여 건으로 무려 9,000여 쪽에 달한다.

　　앞서 1차 발사 실패 원인이 페어링이 정상적으로 분리되지 않았기 때문이라고 설명한 바 있다. 이를 두고 조사위원 중 한 사람은 페어링 분리 시스템을 제작한 회사에 손해배상 책임을 물어야 한다고 주장했다. 그 자리에 배석한 해당 제작사 직원이 조사위원의 말을 그대로 경영진에 보고했고, 해당 기업 최고경영자는 앞으로 발사체 개발 사업에 절대 참여하지 않겠다며 격하게 반응했다.

　　사실을 말하자면 국가적 사업이니 제발 발사체 개발에 참여해달라고 사정사정해서 참여한 것이라 기업 입장에서는 적반하장도 이런 적반하장이 없는 셈이었다. 우리가 해당 기업을 찾아가 그야말로 손이 발이 되도록 빌고서야 지상 확인 시험을 위한 시제품 제작을 허락받았다. 도대체 이게 뭐 하는 짓인지!

　　심지어 조사위원회는 기술 측면에서 견해가 다른 부분을 두고 "시키면 시키는 대로 하라"는 모욕적인 언사를 서슴지 않았고, "연구원들의 태도가 이러니 실패했지"라는 막말까지 퍼부었다. 사실 기술적 토의는 대등한 입장에서 가능하지 않았다. 기술은 해당 연구원이 누구보다 잘 알뿐더러 연구원들은 자신이 설계한 기술에 타당성과 자긍심을 가지고 있다. 그런데 조사위원이 느닷없이 이 부분을 건드리면 당연히 가슴에 큰 상처를 받는다.

비록 실패한 죄책감 때문에 드러내놓고 반박하지는 못하지만 그들은 심하게 가슴앓이를 한다. "로켓 개발에 참여한 것이 후회스럽다" "우리나라에서는 이렇게 성공과 실패가 명확한 연구는 하는 게 아니다" "모호한 연구로 그럭저럭 먹고사는 것이 상책이다" "말로는 성실실패를 용인해야 과학기술이 발전한다고 떠들면서 정작 실패하면 짓밟는 우리 환경에서 로켓 개발은 물 건너갔다" 같은 수많은 울분이 쏟아져 나왔다. 일부 연구원은 몸과 마음에 병이 생기고 불면증에 시달리는 등 후유증이 컸다.

더구나 나로호 3차 발사에 성공한 뒤 조사위원들에게 훈장이 주어지는 것을 보고 많은 연구원이 또다시 커다란 좌절감을 맛보았다. 15년 넘는 세월 동안 각고의 노력으로 직접 로켓을 개발해도 못 받는 훈장을 조사위원으로서 몇 번 회의에 참석하고 훈장을 받는 게 아닌가! "재주는 곰이 넘고 돈은 왕서방이 받는다"더니 옛말이 새삼스레 와닿았다. 연구원들의 사기는 그야말로 바닥으로 곤두박질쳤다.

허술한 기술 보안 정책

2012년 1월 하순, 갑자기 수사기관으로부터 연락이 왔다. 나로호 조사위원으로 참여한 한 인사를 국방 자료 유출 관련 문제로 수사하던 중 특별한 기술 자료를 발견했는데, 수사관들이 봐도 매우 중요한 나로호 설계 자료인 듯하니 빨리 회수해가라는 것이었다. 해당 기관을 방문해 확인하니 어이없게도 나로호 실패 원인 규명 작업을 위해 항우연이 제공한 기술 자료였다.

사실 그동안 항우연 연구원과 조사위원 사이에는 기술 자료 보안과 관련해 아주 심각한 갈등이 있었다. 항우연 연구원은 항우연 내에서 열람하고 조사하라고 했지만 조사위원 측은 집에서도 생각날 때 작업해야 한다는 명분을 내세우며 기술 자료를 가져가야 한다고 우겼다.

양측 주장이 첨예하게 대립하자 마침내 조사위원 측은 항우연 연구원이 폐쇄적이고 협조하지 않아 조사 활동을 제대로 못 하겠다고 불평했다. 실패한 항우연 연구원 입장에서는 상부 지시에 따라 울며 겨자 먹기 식으로 기술 자료를 내어줄 수밖에 없었다.

기술 자료 보안의 중요성을 아무리 강조해도 그들은 마이동풍이었다. 이는 우리보다 앞선 나라의 발사체 관련 시설, 장비, 자료에 관한 기술 보안 정책과 비교할 때 너무도 허술하고 안이한 대처였다.

흔히들 우리나라가 선진국이 되었다고 얘기하지만 정작 선진국이 자료 보안에 얼마나 철저하고 엄격한지는 모르는 듯하다. 일례로 선진국에서는 발사체 관련 시설과 장비를 견학할 때 노란색 통제선을 밟으면 죽는다는 우스갯소리가 있다. 우리가 어렸을 때 땅따먹기 놀이를 하다가 금을 밟으면 죽듯이 말이다.

　　조사위원들의 그 개념 없고 허술한 보안 의식은 연구원들 가슴에 또다시 굴욕과 좌절을 안겨주었다. 미지의 영역에 도전했다가 실패하는 것은 곧 죄였고 우리는 실패한 죄인이었다.

8장
피와 땀의 결실

비행종단 시스템

앞에서 한 이야기를 다시 한번 정리해본다. 2010년 6월 10일 나로호 2차 발사는 의문의 폭발로 갑자기 끝났다. 발사 후 137초경, 아직 나로호 1단 엔진이 연소 중인 구간에서 폭발이 발생한 것이다. 폭발을 감지한 1단의 제어 시스템은 1단 엔진을 강제로 종료했고 추력을 잃은 나로호는 정상 궤도를 벗어나 자유낙하했다. 이후 나로호의 구조물로 추정되는 잔해물을 제주도 남단 공해상에서 발견했다.

우리는 사고 책임이 당연히 러시아에 있다고 생각했다. 폭발 이전까지는 모든 것이 정상이었고 이륙 후 228초까지는 1단 엔진이 작동하는 구간이기 때문이다. 228.67초에 1단 엔진에 정지 명령이 내려지고 231.7초에 1단과 2단이 분리되기에 위성이 대기권에 진입할 때까지는 1단의 역할이 지배적이다. 우리 측 연구원들은 1단과 2단의 분리 장치가 문제일 것으로 추정했다.

러시아 측 생각은 달랐다. 그들은 사고가 난 다음 날부터 한국이 개발한 2단 엔진(킥모터)의 비행종단 시스템이 문제를 일으켰다고 주장하기 시작했다. 비행종단 시스템은 2단 엔진이 오작동할 때 더 큰 사고를 방지하기 위해 엔진을 폭파하는 시스템이다. 비행종단 시스템이 작동하면 발사체에 커다란 폭발이 일어난다.

사고 원인을 둘러싼 양측의 논쟁은 지루하게 이어졌다. 한국과 러시아 모두 각자의 주장을 뒷받침할 완벽한 증거가 없었기에 서로의 주장을 되풀이하는 상황이 이어졌다. 결국 양측은 사고를 검증하고자 지상 재현 시험을 하기로 했다. 이를 위해 나로호 1단을 개발한 러시아 회사 흐루니체프와 그 협력업체 관계자 3명, 2단을 제작한 한국항공우주연구원 전문가 13명으로 한-러 공동조사위원회를 꾸렸다.

여기에다 좀 더 객관적인 원인 규명을 위해 별도로 나로호 개발에 참여하지 않은 국내 산학연 전문가 17명으로 조사위원회도 구성했다. 조사위원회는 한-러 공동조사위원회가 제기한 가설을 심층 분석하는 역할을 맡았다.

한-러 공동조사위원회는 다양한 지상 재현 시험을 실시했다. 대표적으로 2단에 실린 비행종단 시스템의 기폭 장치를 의도적으로 작동시켜 2단 엔진을 폭파하는 시험을 진행했다. 만약 2차 발사에서 비행종단 시스템이 오작동했다면 실제 비행에서의 2단 엔진 연소 결과와 지상 시험에서의 2단 엔진 연소 양상이 똑같이 나타날 것이었다.

재현 시험은 2010년 11월 24일 전남 고흥 나로우주센터에서 이뤄졌다. 조사위원회 연구팀은 실제 비행에 사용한 것과 똑같은 비행종단 시스템과 2단 엔진, 2단 엔진 추진제를 준비했다. 이윽고 비행종단 시스템 내 기폭 장치를 작동시키자 '펑' 하는 소리와 함께 수 밀리세컨드ms(1,000분의 1초) 만에 2단 엔진 추진제에 불이 옮겨붙었다. 화염은 2단 엔진 내부 공간으로 퍼져나갔고 0.4~0.6초 만에 2단 엔진 노즐부 온도는 센서의 계측 한계까지 급상승했다.

이것은 실제 비행 중에 측정한 데이터와 완전히 다른 결과였다. 실제 비행에서는 비행종단 시스템에 기체 이상이 감지된 후 1초 동안 2단 엔진 노즐부에 온도 변화가 없었다. 이는 비행종단 시스템이 오작동을 일으켜 2단 엔진이 점화된 게 아니라는 뜻이었다.

폭발이 일어난 부위의 열유속 값을 측정한 결과도 지상 시험이 실제 비행 때보다 약 6배 큰 것으로 나타났다. 비행 중에 발생한 폭발의 규모가 지상 재현 시험 때보다 훨씬 작았다는 의미다. 실제 비행에서 나로호 내부 카메라가 촬영한 빛을 분석한 결과도 지상 재현 시험의 그것과 다르게 나타났다.

그렇지만 러시아 측은 뜻을 굽히지 않았다. 그들은 계속해서 2차 발사의 실패 원인이 비행종단 시스템 오작동에 있다고 주장했다. 결국 각국 정부가 중재에 나섰다. 러시아 연방우주청은 정부 차원의 독립적인 조사위원회를 구성하자고 제의했고 한국 정부가 여기에 동의하면서 정부 인사와 전문가가 공동 참여하는 한-러 공동조사단을 구성했다.

한-러 공동조사단은 2011년 7월과 10월, 두 차례 회의를 열고 총 다섯 가지 나로호 2차 발사 실패 시나리오를 종합적으로 검토했다. 다섯 가지 시나리오는 1단 제어 시스템 오작동, 1단 추진기관 시스템 오작동, 과하중에 따른 구조적 파괴 단 분리 장치 오작동, 산화제 순환 시스템 오작동 그리고 2단 비행종단 시스템 오작동이다.

결론을 말하자면 한-러 공동조사단도 실패 원인에 따른 이견을 좁히는 데 실패했다. 하지만 한-러 공동조사단은 양측 정부가 주장한 원인을 보완해 3차 발사를 준비하기로 합의했다. 발사 실패 원인을 명확히 가리기 힘들고 그보다는 3차 발사에 성공하는 것이 더 중요하다는 판단에서였다.

한-러 공동조사단은 한국항공우주연구원에 비행종단 시스

템을 개선하길 권고했고, 러시아 흐루니체프에는 1단 추진기관 시스템과 1·2단을 분리하는 단 분리 장치가 정상 작동하도록 철저히 준비할 것을 권고했다. 또 1단과 2단의 상호작용을 최소화하는 방법을 마련하라고 권고했다.

양측 정부는 이 같은 권고 조치를 이행한 뒤 2012년 10월 3차 발사를 진행하기로 합의했다. 2차 발사에 실패하고 나서 무려 2년 4개월 뒤의 일이었다.

관객과 선수의 차이

2차 발사 실패 원인 규명 작업을 진행하면서 국내 조사위원들과 항우연 연구원들 사이에는 상당히 큰 갈등과 불신이 생겼다. 특히 항우연 연구원들은 회복이 불가능할 정도로 마음의 상처가 깊었다. 여기에다 러시아 전문가들과도 관계가 서먹서먹해졌다.

2010년 6월 10일 2차 발사 실패 후, 실패 원인 규명과 책임 공방을 하느라 1년 8개월이라는 소중한 시간이 허무하게 흘러갔다.

2012년 봄, 한국항공우주연구원 연구팀은 다시 한번 나로우주센터에 모여 3차 발사 준비에 돌입했다. 2차 발사 실패 후 1년 넘게 실패 원인을 조사하면서 연구원들의 몸과 마음은 지칠 대로 지쳐 있었다.

　러시아와의 공방도 힘들었지만 내부 조사위원들을 이해시키는 일도 결코 쉽지 않았다. 그뿐 아니라 한-러 공동조사단이 2차 발사 실패 원인을 한 가지로 도출하지 못한 것을 두고 "발사 실패의 원인도 규명하지 않고 3차 발사를 강행한다" "러시아와의 불평등 계약으로 실패 원인조차 제대로 파악하지 못했다"는 내용의 비난 기사가 쏟아졌다.

　우주발사체는 발사 실패 시 잔해를 수거하거나 사고 현장을 확인하는 것이 거의 불가능해서 대개는 발사체가 비행하며 지상으로 전송한 원격측정 데이터에 많이 의존해 사고 원인을 규명한다. 다시 말해 직접적인 실패 원인을 규명하는 데는 한계가 있다. 우리는 전 세계 전문가가 인정하는 이런 내용까지 열심히 설명하느라 진땀을 빼야 했다.

　한국항공우주연구원 소속이 아닌 외부 전문가들로 구성한 별도 조사위원회와도 마찰이 있었다. 별도 조사위원회는 폭발 원인을 규명한다는 이유로 각종 원격측정 신호 분석과 지상 검증 시험을 요구했다. 그중에는 무리한 요구도 있었다.

　가령 조사위원회는 나로호에 탑재한 진동 센서 측정값으로 폭발 충격 크기를 역으로 계산할 것을 요구했다. 물론 진동 센서가 정상 작동했다면 충분히 의미 있는 접근이다. 그러나 나로호에 탑재한 진동 센서는 이륙과 비행 중에 발생하는 진동 현상을 계측하는 센서로, 이번 폭발은 진동 센서의 계측 범위를 크게 초과하는 충격이라 정상적인 계측을 수행할 수 없었다. 그럼에도 불구하고 조사위원회는 진동 센서가 계측한 값으로 폭발 충격의 입·출력 관계를 유추해내길 원했다.

2호 발사허가증

이 모든 갈등으로부터 자유로워지는 방법은 3차 발사에 성공하는 것뿐이었다. 우리 연구팀은 다시 마음을 다잡고 3차 발사에 필요한 2단 엔진 점검부터 작업에 들어갔다. 2단 엔진에 들어가는 고체추진제는 시간이 지나면서 조금씩 특성이 변한다. 그래서 처음 제작했을 때는 정상 작동해도 오랜 시간이 지나면 정상 작동하지 않는 경우가 있다. 이를 노화aging 효과라고 한다.

3차 발사에 사용한 2단 엔진은 2008년 초반에 제작한 것으로 제작한 지 5년이 지난 엔진이었다(3차 발사일 기준). 우리는 엔진 상태에 이상이 없는지 확인하기 위해 2단 엔진을 국방과학연구소로 이송해 내부를 X선으로 분석했다. 한 달간 분석한 결과 2단 엔진의 고체추진제를 3차 발사에 쓰는 데 무리가 없음을 확인했다.

비록 더디긴 했지만 우리는 한 걸음씩 3차 발사를 향해 나아갔다. 2012년 2월에는 3차 발사 추진계획서를 작성하면서 마지막 발사 준비에 들어갔다. 특히 1차 발사 때 문제가 된 페어링 분리 시스템을 비롯해 우리가 담당한 모든 시스템을 재점검하면서 조금이라도 의심스러운 부분은 모두 수정하고 보완했다.

두드러지게 수정·보완한 부분은 페어링 분리 시스템의 고전압 기폭 장치를 저전압 기폭 장치로 바꾼 것과 킥모터의 비행종단 장치를 제거한 것이다. 나로호의 킥모터 비행종단 장치는 비행 안전 관점에서 사실상 활용도가 없었기에 제거해도 임무 수행에는 지장이 없었다. 자체 기술 축적을 위해 채택한 것이라 마지막 발사에서 조금이라도 성공 확률을 높이려는 고육지책으로 제거한 것이다. 고전압 기폭 장치를 저전압 기폭 장치로 바꾼 것도 방전放電 발생 가능성을 원천 차단하기 위한 조치였다.

우리는 수정·보완 부분을 반복해서 검증 시험하며 상단의 완성도를 높였다. 그야말로 진인사대천명盡人事待天命의 간절한 마음으로 앞선 두 번의 실패 원인을 수만 번이나 반추하면서 마지막 발사를 준비했다.

러시아 회사 흐루니체프도 1단 제작에 착수해 3차 발사를 준비하면서 세부 일정과 기술 점검 계획을 우리와 협의했다. 대략 8월 중에 1단을 한국으로 이송하고, 9월에 1단을 점검하며, 10월에 1단과 상단을 결합하고 점검한 뒤 발사하는 것으로 윤곽을 잡았다.

한편 1차와 2차 발사만 허가를 받았기에 3차 발사를 하려면 추가로 허가가 필요했다. 우리는 정부에 3차 발사계획서를 제출했다. 실무적인 심의 과정을 거친 정부는 2012년 7월 19일 국가우주위원회를 개최해 최종적으로 나로호 3차 발사 허가를 의결하고, 7월 20일 제2호 '우주발사체 발사허가증'을 발급했다.

이렇게 숱한 우여곡절 끝에 우리는 3차 발사를 공식 허가받았다. 이제 기술적 문제만 남았다.

2년 만에 재개한 3차 발사 준비

2012년 8월 29일 7시 40분, 3차 발사용 1단이 항공편으로 김해공항에 도착했다. 곧바로 하역 준비, 세관검사, 통관, 하역 작업 등을 거쳐 나로우주센터로 이송하려 했으나 시작부터 난관이 닥쳤다. 강력한 태풍 덴빈(14호)과 볼라벤(15호)이 연이어 남해안 일대를 강타한 것이다. 할 수 없이 우리는 파도가 잠잠해지기를 기다렸다가 9월 1일 6시 20분 부산신항을 출발해 나로우주센터로 향했다.

그동안 수립한 일일 작업 일정을 재차 수정한 연구원들은 9월 3일부터 작업을 시작해 9월 28일 상단부 작업을 완료하고 1단과의 결합을 준비했다. 그렇게 상단부와 1단부 준비 작업을 순조롭게 진행하는 동안 교육과학기술부 제2차관실에서는 발사일 결정을 위한 3차 발사관리위원회가 열렸다. 그 결과 2012년 10월 26일을 발사일로, 27일에서 31일까지는 예비일로 결정했다.

3차 발사를 준비한 2012년에는 유난히 강력한 태풍이 많이 찾아왔다. 1단 이송 시에는 14호, 15호 태풍이 연속으로 올라와 작업에 지장을 초래하더니 한창 발사체를 조립하던 9월 17일에는 초속 50m 강풍과 폭우를 동반한 16호 태풍 산바가 우주센터에 상륙했다. 우주센터 시설과 건물은 초속 60m 강풍도 견딜 수 있도록 건설했기에 크게 문제될 것이 없었으나 단 분리용 역추진 로켓 보관창고가 폭우로 침수되었다.

자칫 잘못하면 발사가 지연될 수 있었다. 우리는 긴장감 속에서 역추진 로켓을 검사했고 사용 가능하다는 판단을 내리고는 놀란 가슴을 쓸어내렸다.

여리박빙如履薄氷! 하루하루가 살얼음판이었다. 앞선 두 번의 발사와 마찬가지로 2012년 10월 24일 연구원들은 나로호를 조립동에서 발사대로 이송했고 25일에는 종합리허설도 정상적으로 마무리했다.

드디어 발사 당일인 26일, 나는 담담한 마음으로 발사 운용에 들어가 미리 정한 시나리오에 따라 발사 작업을 진행했다. 그런데 오전 10시 1분경 나로호 내부에 있는 헬륨 탱크에 헬륨을 충전하는 과정에서 헬륨 탱크 압력이 떨어지는 현상이 발생했다. 발사대로 접근해 상황을 살펴보니 나로호 몸체와 지상 설비를 연결하는 장치 '어댑터 블록' 사이에서 기밀 유지용 실$_{Seal}$이 파손돼 외부로 돌출해 있었다.

충전하는 헬륨 압력을 유지하지 못하면 발사를 진행할 수 없었기에 우리는 발사 진행 절차를 중단하기로 결정하고 발사 5시간 5분 50초 전에 발사 작업을 중단했다. 이전까지 단 한 번도 발생하지 않던 현상이라 한국과 러시아 측 모두 당황할 수밖에 없었다.

비록 처음 접하는 문제였지만 기술 측면에서 발생 가능한 현상이라 우리는 원인 규명 작업과 향후 추진 방향을 구상하며 나로호가 발사대에 기립한 상태에서 러시아 측과 협의했다. 러시아 측은 현재 상태로는 원인 파악이 어렵다며 당장 내일부터 조립동에서 몇 가지 시험을 하자고 제안했다.

원인을 규명하려면 확인 시험을 하는 게 당연했다. 나로호를 조립동으로 이송한 우리 연구원들은 러시아 측과 공동으로 압력인가 시험을 진행해 나로호 몸체와 어댑터 블록을 결합하는 체결력이 부족하다는 결론에 이르렀다. 초기에 예상한 실 불량은 아닌 것으로 밝혀졌다.

그 과정에서 우리는 다시 한번 언론의 매서운 질타를 받아야만 했다.

발사 중단 원인인 어댑터 블록의 체결력을 강화하고 나머지 시스템도 이상 없이 재점검한 우리는 2012년 11월 29일 다시 3차 발사를 시도했다. 정말! 모든 작업이 순조롭게 이뤄졌다. 액체산소와 등유 충전도 마치고 발사 준비 최종 점검 과정도 진행했다.

그런데 발사 22분 전, 2단에 있는 추력방향제어기용 유압모터EMDP 제어기에 흐르는 전류가 1.3A(암페어)에서 1.76A로 증가하는 현상을 관찰한 연구원이 "어! 이게 뭐야!"라는 외마디 비명과 함께 이상 상황을 보고했다. 즉각 현장으로 달려가 상황을 파악한 나는 직감적으로 발사를 계속 진행하면 안 되겠다고 판단했다. 발사 16분 52초 전, 나로호는 또다시 멈춰 섰다.

조사 결과 추력방향제어기용 유압모터 제어기 고장은 캐패시터라는 작은 전자부품 소실燒失이 원인이었다. 단순한 부품 고장이라 예비용 제어기로 교체하고 바로 발사할 수 있었으나 2012년 발사는 더는 어려운 상황이었다.

그러자 느닷없이 3차 발사 무용론이 고개를 들었고 "발사 연기가 발사 실패보다 더 나쁘다"라는 어처구니없는 질책이 쏟아졌다. 왜 발사 연기가 발사 실패보다 더 나쁜지 이해할 수 없었지만 반드시 해내고야 말겠다는 연구원들의 의지는 더욱 강해졌다.

새로운 시작을 열다

"10, 9, 8, 7, 6, 5, 4, 3, 2, 1, 발사!"

    2013년 1월 30일 오후 4시 정각, 마지막 발사 명령이 떨어졌다. 나로호는 우렁찬 엔진 소리와 함께 화염을 내뿜기 시작했다. 발사통제동에 모인 연구원들은 모두 최면에라도 걸린 듯 꼼짝하지 않고 화면을 뚫어져라 응시했다. 발사체가 무사히 발사대에서 이륙하길 간절히 기도하는 마음으로.

    그런 간절함이 통했는지 나로호는 외벽의 얼음을 떨치고 천천히 상승하더니 20초 만에 900m 상공까지 힘차게 솟구쳤다. 앞선 두 번의 발사 때와 마찬가지로 날씨가 화창해 우리는 육안으로도 발사체가 이륙하는 모습을 지켜볼 수 있었다.

    "그래, 그거야! 잘 작동해야 해!"

    나를 비롯해 전 국민이 한마음으로 응원하는 가운데 나로호는 페어링 분리, 1단 로켓 분리를 차례로 마쳤다. 그리고 마지막으로 2단 로켓을 점화하더니 마침내 목표 궤도에 나로과학위성을 올려놨다. 두 번의 발사 실패와 여덟 번의 발사 연기를 극복하고 얻은 귀한 성공이었다.

    발사 1시간 30분 후 노르웨이에 있는 지상국에서 나로과학위성의 비콘 신호를 확인했다는 연락이 왔다. 그리고 다음 날 오전 3시 28분경, 나로과학위성은 대전 KAIST 지상국과의 교신에도 성공했다. 나로호 임무의 성공을 최종 확인한 것이다.

    나로호 성공은 흠잡을 데 없이 깔끔했다. 나로호가 전송한 비행 중 데이터는 우리 연구팀이 사전에 예측한 결과와 정확히 일치했다. 로켓엔진이 내는 총에너지의 합인 '총역적總力積'은 예상치와 단 0.06%의 오차를 보였으며, 총역적을 추진제 중량으로 나눈 값인 '비추력'도 예측과 같았다. 이는 2단 로켓엔진인 킥모터가 정확히 작동했다는 증거였다.

로켓엔진에 들어가는 점화기의 압력도 지상 시험이나 1차 발사 때와 유사하게 변화했다. 점화기 헤드의 표면 온도는 22.8℃ 상승해 1차 발사 때와 같게 나타났다. 노즐부에서 측정한 온도 데이터에서도 특이사항은 발견할 수 없었다.

나로호 2단에 탑재한 카메라가 촬영한 영상에는 2단 엔진이 정상적으로 점화되는 순간이 생생하게 담겨 있었다. 페어링 한쪽이 분리되지 않아 결국 실패로 돌아간 1차 발사 때처럼 2단 로켓의 자세에 이상이 생기거나 영상이 끊기는 등의 문제점은 나타나지 않았다.

2단 엔진은 점화 후 60초경에 연소를 종료했다. 촬영한 영상을 분석한 결과 2단 엔진이 연소하는 과정 중에도 외관이나 노즐이 파손되는 등의 이상 현상은 나타나지 않았다.

세계 열한 번째 스페이스 클럽

한국과 러시아 전문가들은 드디어 마음껏 서로를 축하해줄 수 있었다. 나로호 발사 성공으로 한국은 자국 위성을 자국 발사체로 자국 우주센터에서 성공적으로 발사한 우주 강대국만 들어갈 수 있는 '스페이스 클럽'의 세계 열한 번째 회원국이 됐다. 러시아 연구진은 우리 연구진을 "함께 소금과 후추를 한 더미 먹은 사이(러시아 속담으로 '동고동락同苦同樂'과 유사한 뜻)"라고 표현하며 나로호의 성공을 진심으로 반겼다.

국민의 박수와 환호도 쏟아졌다. 전국의 모든 방송사는 발사 2주 전부터 나로우주센터를 방문해 매일 같이 발사체 조립동 내부 준비 상황, 발사대 이송, 기립 과정 등을 보도했다. 이를 지켜본 국민은 나로호 성공에 더 큰 자부심을 느꼈다. 국민의 기대에 부응했다는 생각에 우리 연구원들도 나로우주센터가 있는 외나로도에 내려온 지 거의 10년 만에 두 다리를 뻗고 잠자리에 들 수 있었다.

그러나 자축 시간은 그리 길지 않았다. 나로호의 후속인 '한국형발사체(누리호)' 프로젝트를 2010년 3월부터 진행하고 있었기 때문이다. 누리호는 한국이 독자 개발하는 첫 우주발사체로 지구 저궤도인 600~800km 고도에 1.5t급 실용위성을 쏘아 올리는 것을 목표로 삼았다.

당연한 일이지만 나로호를 개발한 경험은 누리호라는 거대 발사체 시스템을 설계하는 데 중요한 밑바탕이 됐다. 우리 연구팀은 누리호를 높이 47.5m, 무게 200t으로 나로호보다 약 1.5배

크게 설계했다. 2단 로켓인 나로호와 달리 누리호는 3단이다. 누리호를 우주로 보내는 데 가장 큰 힘을 발휘하는 1단 로켓에는 75t급 액체엔진 4기를 병렬로 연결해 총 300t의 추력을 내도록 했다. 이는 엔진 효율과 위성의 무게, 목표 궤도를 종합적으로 고려한 선택이다.

사실 75t짜리 액체엔진을 개발하는 것과 이것을 연결해 병렬로 작동하게 하는 것은 엄청난 도전이었다. 연구진은 우선 나로호 개발 당시 선행연구로 개발한 30t 액체엔진을 2배 이상 규모로 키워야 했다. 연소기, 터보펌프, 가스 발생기, 공급 계통 등 액체엔진에 들어가는 핵심 부품 역시 전부 다시 설계하고 조립해야 했다.

75t 액체엔진의 하드웨어를 완성한 뒤에도 기술적 난제는 산적해 있었다. 그중 가장 큰 난제는 연소 불안정 Combustion Instability 현상이었다. 연소 불안정은 연소 과정에서 연소실 내부의 유동과 압력이 요동치며 정상적인 연소가 이뤄지지 않는 현상으로 기존 유체역학 공식으로는 설명할 수 없다. 75t 액체엔진은 1초에 연료 250L를 태운다. 이처럼 다량의 추진제를 고온·고압 상태에서 짧은 시간 동안 태우면 교란이 발생해 연소실 내부의 압력과 진동이 급격히 높아지고 이는 심각한 경우 폭발로 이어진다.

연구팀은 연소 불안정 문제를 해결하기 위해 설계를 바꿔 연소기를 제작·시험하고 다시 설계를 바꾸는 시행착오를 2014년에서 2016년까지 2년간이나 지속했다. 설계 변경 10여 차례와 연소 시험 20회 정도를 진행한 뒤에야 비로소 연소 불안정 현상을 해결한 것이다.

2018년 11월 한국항공우주연구원 연구팀은 연소 불안정 문제를 어렵사리 해결한 75t급 액체엔진을 나로우주센터에서 시험 발사체에 적용해 성공적으로 발사했다. 발화한 엔진은 목표 연소 시간인 140초를 넘어 151초간 안정적으로 연소한 뒤 상공 200km 이상 고도까지 도달했다가 제주도와 일본 오키나와 사이의 공해상에 떨어졌다. 우리의 독자 기술로 개발한 75t급 액체엔진의 비행 성능을 확인한 셈이었다.

시험발사체를 성공적으로 발사한 일은 2021년 예정인 누리호 발사가 순조롭게 이어질 거라는 기대감을 높였다. 이어 우리 연구팀은 누리호 2단, 3단에 들어가는 엔진을 시험하고 이것이 무사히 끝나면 75t 액체엔진 4개를 묶은 인증모델 연소 시험에 들어가기로 했다. 인증모델 연소 시험을 무사히 끝내면 남는 것은 1~3단 발사체 조립이다. 실제 발사할 비행모델을 조립하는 일이다.

누리호가 발사에 성공할 경우 한국은 미국, 러시아, 중국, 유럽연합, 인도, 일본에 이어 세계에서 일곱 번째로 독자적인 위성 발사체를 보유한 우주 강국으로 거듭날 터였다.

9장

누리호가 연 제7 우주국

누리호 개발책임자 고정환

누리호의 핵심, 75t급 엔진

2010년부터 시작한 한국형발사체 개발 사업은 나로호 개발 사업 마지막 단계에서 시작한 이후 여러 가지 우여곡절을 겪으며 사업을 진행해왔다. 10년이 넘는 그 개발 과정에는 중요한 순간이 여럿 존재한다. 그중에서도 한국형발사체 개발 사업에서 절대 **빼놓**을 수 없는 순간 중 하나가 바로 75t급 엔진의 첫 번째 연소 시험이다.

2단형 발사체 나로호는 1단부를 러시아에서 개발하고 국내에서는 백업과 기술 개발을 위해 30t급 액체엔진을 위한 기술 개발을 진행했다. 이후 한국형발사체 개발 기획과제를 준비하고 한국형발사체에 필요한 엔진 성능 규모를 어느 정도 정리하면서 항우연 연구팀은 75t급 액체엔진 개발을 추진했다. 나로호 개발 사업을 진행하면서 축적한 30t급 액체엔진 개발을 토대로 75t급 액체엔진 개발에 착수한 것이다.

액체엔진은 연소기, 터보펌프, 밸브, 배관 등 수많은 부분품으로 이뤄진다. 일단 엔진의 요구 조건을 수립하면 엔진 구성품별로 요구 조건을 할당해 개발에 착수한다. 이 중 연소기는 고압 산화제와 연료를 주입한 뒤 이것의 혼합으로 연소가 이뤄지면서 추력을 생성하는 데 핵심 역할을 하는 부분품이다. 그러므로 그 성능이 엔진 성능을 좌우하는 것은 당연하다.

누리호 개발 사업 이전에 구축한 항우연의 액체 추진 시험 설비는 과거 KSR-III 개발 사업과 나로호 개발 사업을 거치면서 대전 본원에 구축한 연소 시험 설비가 전부였다. 그러니 누리호에 사용할 75t 엔진과 그 구성품을 시험하기에는 성능이 부족할 수밖에 없었다.

일반적으로 로켓은 크든 작든 비행 중에 겪을 환경에 대비해 지상에서 충분히 시험하고 검증한 후 비행 시험에 도전한다. 액체추진 로켓을 개발할 때도 필요한 시험 설비를 구축하는 것은 필수적인 일이다. 다행히 우리는 누리호 개발 사업을 위한 관련 설비 구축의 필요성을 인정받아 누리호 개발 사업과 관련된 모든 시험 설비를 구축했다. 국내에 이러한 시험 설비를 구축하는 것은 국산 액체추진 발사체를 개발하는 첫걸음이다.

액체추진 로켓은 그 특성상 액체추진제를 제어하기 위한 여러 시험 설비가 필수적이다. 이 시험 설비 구축에는 시간이 들기 때문에 우리는 사업 시작 전부터 설비 구축 준비를 진행했고 사업 착수와 함께 설계, 시공에 들어갔다. 특히 10종의 시험 설비 중 먼저 나로우주센터에 연소기 시험 설비를 구축한 다음 2014년 10월 첫 시험을 진행했다.

특단의 조치로 해결한 연소 불안정 문제

75t 엔진용 연소기는 정격 연소압 60기압(bar)에서 시험해야 하지만 국내에 60기압으로 연소 시험을 할 수 있는 설비가 없었다. 할 수 없이 우리는 대전 시험 설비에서 저압인 30기압으로 시험했고 나로우주센터에 전용 시험 설비를 구축한 뒤인 2014년 10월에야 제대로 처음 시험을 했다. 그런데 이때 설계한 연소기에 연소 불안정 현상이 있는 것으로 나타났다.

연소 불안정 현상은 고온·고압 추진제가 연소기 내에서 연소할 때 발생할 수 있는 공진 현상의 일종이다. 이는 순간적인 압력이나 온도 상승을 유발해 결과적으로 연소기를 파괴하기 때문에 설계 변경으로 반드시 해결해야 하는 문제다.

2014년 10월 첫 시험에서 설계한 연소기에 연소 불안정이 있음을 확인한 후 연구진은 바쁘게 움직였다. KSR-III 때부터 액체엔진의 연소 불안정 현상을 경험해온 연구진은 관련 노하우를 많이 축적해왔으나 고온·고압 연소에서 단시간에 발생하는 연소 불안정 현상은 해석 방법이 별로 없었다. 어떤 해결책이 당면한 불안정에 특효약일지는 '설계 변경 → 제작 → 시험 → 결과 해석' 그리고 또다시 '설계 변경 → 제작 → 시험…'을 반복해야 알 수 있었다.

공교롭게도 연소기 제작에는 보통 수개월이 걸린다. 이 점을 고려하면 정상적인 방법으로 반복해서 시험을 진행하는 데 시간을 많이 쓸 수가 없었다. 문제를 이른 시일 내에 해결하려면 어떻게 해야 할까? 특단의 조치를 취해야 했다.

우리는 설계 변경안을 계속 준비해 연이어 제작을 진행했고 제작하는 대로 시험한 뒤 결과를 분석해 영향성을 살펴보았다. 그리고 그 결과를 바탕으로 다음 설계 변경안을 준비하는 식으로 속도를 냈다. 최대한 빨리 시험 결과를 축적하는 방식을 도입한 것이다. 덕분에 2016년 2월 75t 연소기 설계를 최종 확정하고 연소 불안정 해결을 공식 선언했다. 이처럼 연소 불안정 문제는 비교적 빠른 대처로 해결했으나 그 후속으로 엔진 시험 일정이 다가오면서 연구원들은 여전히 속을 태웠다.

온갖 사고를 딛고 얻어낸 엔진 연소 시간

2016년 초 75t 엔진의 연소 불안정 문제를 해결한 연구진은 엔진 시험 준비를 시작했다. 엔진 구성품은 각기 별도로 개발을 진행하며 요구 조건을 충족하는 성능을 확인한 다음 비로소 하나의 엔진으로 조립해 시험에 들어간다.

물론 엔진 조립에도 상당한 시간이 필요하다. 일정을 부분이 아닌 전체 관점에서 진행하려면 어느 정도 하드웨어를 갖췄을 때 다음 업무에 착수해야 한다. 그런 의미에서 75t 엔진 1호기는 연소 불안정 현상을 최종 해결하기 전부터 조립에 착수했다.

그것은 우리 손으로 처음 만드는 중대형 엔진으로 그때까지만 해도 여러 부분품을 완전히 개발하지 못한 상태였다. 그 탓에 1호기 엔진은 현재 비행용에 사용하는 엔진에 비해 무게가 20% 이상 더 나가는 그야말로 초기 엔진이었다. 여하튼 우리에게는 크나큰 의미가 있는 엔진이지만 말이다.

먼저 엔진의 각 부분품이 정해진 규격에 부합하는지 확인하는 데 집중해 부품 시험을 한 뒤 엔진으로 종합한 다음 시험에 들어갔다. 비록 연소기와 터보펌프, 여러 밸브류가 잘 작동할 거라고 예상했으나 엔진의 종합 연소 시험은 처음 해보는 것이라 우리는 긴장했다.

액체엔진은 복잡하기도 하지만 연소가 정상적으로 이뤄지

려면 엔진 시동 과정부터 조심조심 진행해야 한다. 시동 절차나 부품에 문제가 있으면 자칫 폭발할 수 있고 이는 우리의 빡빡한 개발 일정에 상당한 지장을 초래할 터였다.

한 발 한 발 조심스레 이뤄진 엔진 시험 준비 끝에 우리는 드디어 2016년 5월 3일 75t 엔진 1호기의 첫 번째 연소 시험을 진행했다. 불과 1.5초. 지금까지 75t 엔진은 단일 시험으로 최대 260초까지 연소 시험을 진행했다. 현재 누리호 비행용으로 사용하는 엔진은 200초 연소 시험 후 기체 조립용으로 납품한다. 이와 비교하면 1.5초는 찰나에 가까운 첫 연소 시험이었지만 이는 한국형발사체의 비상을 알리는 장대한 시작이었다.

긴장감 속에서 진행한 1호기 엔진의 첫 시험은 연구진의 안도의 한숨과 박수로 무사히 끝났다. 이후 연구진은 연소 시간을 점차 늘렸고 10여 차례의 시험 끝에 최대 145초까지 늘린 뒤 다음 엔진으로 배턴을 넘겨주었다.

한국형발사체 개발 사업에서는 총 31기의 75t 엔진을 제작했으며 2021년까지 누적 연소 시험 시간은 약 18,000초에 달한다. 연구원들은 엔진 시험을 숱하게 진행하면서 온갖 상황을 경험했고 이를 바탕으로 수준을 높여왔다. 때로는 엔진이 순식간에 폭발하면서 시험 설비가 망가지기도 했다. 이 모든 경험은 하나하나 쌓여 대한민국의 소중한 자산으로 남았다.

2016년 5월 시작한 75t 엔진 시험은 첫 시험 이후부터 점차 연소 시간을 늘려가며 다양한 조건에서 꾸준히 진행했다. 한 달 만인 2016년 6월에는 1.5초로 출발한 연소 시간이 75초를 통과했다. 이어 7월에는 비행 중 필요한 연소 시간인 145초로 늘어났고 순차적으로 2호기, 3호기를 제작해 계속해서 시험을 진행했다.

그리고 우리는 첫 엔진 시험을 시작하고 1년 반이 지난 시점에 시험발사체 비행용으로 사용할 7호기를 제작했다. 2017년 12월 6일 엔진 수락 시험을 진행해 시험발사체 비행용 기체에 사용할 75t 엔진을 준비한 것이다. 이후에도 75t 엔진 개발을 최종 완료하기까지 많은 시험과 엔진이 필요했으나 엔진 시험을 시작해 1년 반 만에 시험발사체 비행용 엔진을 준비하는 성과를 거둔 것이었다.

맨땅에 헤딩하며 시험, 시험, 또 시험

우주발사체에는 반드시 엔진이 있어야 하지만 당연히 엔진만으로는 비행할 수 없다. 우선 엔진에 공급할 연료와 산화제를 저장할 탱크가 있어야 한다. 또한 탱크에서 엔진까지 추진제를 공급할 추진공급 시스템과 비행하는 동안 발사체 전체를 통제할 유도제어항법 시스템, 통신 시스템 등 수많은 분야의 다양한 구성품을 준비해야 발사체가 제대로 비행할 수 있다. 물론 비행은 이 모든 부분품을 한데 모아 제대로 기능하는지 지상에서 반드시 검증한 후 이뤄진다.

이에 따라 우리는 2018년 10월로 예정한 시험발사체 비행시험을 위해 시험발사체 기체를 준비했다. 그와 함께 지상에서의 인증 시험을 위한 인증모델 기체를 조립해 지상 종합 시험에 착수했다.

엔진만으로는 발사체 형상을 가늠할 수 없다. 그렇지만 지상 연소 시험을 위해 조립한 인증모델 기체는 그 자체로 발사체 형상과 유사하고 내외부 구성품까지 모두 장착하고 있다. 실제로 이것은 비행할 기체와 같은 구성품이라 인증모델 기체 지상 연소 시험은 발사 준비를 거의 마쳤고 마지막 검증 절차만 남았음을 의미한다.

시험발사체는 비행으로 75t 엔진의 성능을 검증할 목적으로 계획했다. 이는 75t 엔진 1기를 사용하는 것이라 3단형인 누리호를 2단으로 구성했다. 다시 말해 시험발사체는 누리호 2단으로 비행하는 셈이므로 실질적으로는 누리호 2단의 비행을 검증하는 것이라 할 수 있다.

시험발사체 인증모델 연소 시험은 2018년 5월 17일 첫 연소 시험을 30초 진행했다. 이후 6월 7일 2차 연소 시험 60초에 이어 7월 5일 마지막 연소 시험을 154초 진행했다.

그때까지 우리는 이미 상당수의 75t 엔진 시험을 진행했으나 인증모델 기체를 이용한 연소 시험은 처음이었고, 이는 거의 발사 운용에 버금가는 시험이라 남다른 각오로 임했다. 시험을 진행하는 인원도 모든 분야별 연구원이 거의 실제 발사에 준하는 정도로 참여했다. 소프트웨어도 발사 운용에 사용하는 지상 운용 소프트웨어를 이용했고 점화부터 연소 시험 진행은 발사체에 탑재한 관성항법 시스템으로 이뤄졌다. 한마디로 이전에 진행한 시험과는 다른 차원의 시험이라 할 수 있겠다.

2018년 5월 17일 드디어 우리는 첫 시험을 진행했고 30초 동안 연소 시험도 했다. 첫 시험은 항상 가능하면 짧게 진행하지만 비행 중에 작동할 기체 내부 추진제 공급계의 성능을 확인하기 위해서는 30초 정도가 적절하다고 판단했다. 엔진 시험과 달리 기체 내부에 연료와 산화제를 완충한 상태로 시험을 진행했기에 우리는 유사시 안전 확보를 위해 시험 설비 앞바다를 지나다니는 선박을 통제하면서까지 혹시 모를 사태에 대비했다. 다행히 시험은 잘 이뤄졌다.

6월 7일의 2차 연소 시험은 동일한 시험을 반복하면서 연소 시간을 늘려 기체 상태가 전반적으로 문제없음을 확인했다.

그리고 마침내 7월 5일의 마지막 연소 시험은 실제 비행 시와 동일한 흐름으로 연료와 산화제를 소진할 때까지 진행했다. 이 시험만 무사히 통과하면 시험발사체 발사에 도전할 수 있었기에 우리는 시험 준비에 철저히 임했다. 그동안 기자들을 비롯한 많은 사람이 75t 엔진 시험과 시험발사체 인증모델 연소 시험에 관심을 보이며 이를 참관해왔다.

그날은 특별히 과학기술보좌관까지 참관한다는 소식이 있었다. 물론 우리가 시험을 준비하는 것을 방해하지 않도록 최대한 배려했으나 이날 시험에서는 몇 가지 이슈가 발생해 개발 과정에서 잊을 수 없는 긴장감을 안겨준 시험 중 하나로 남았다.

인증모델 연소 시험은 대략 10시경부터 시작해 오후 3시쯤 연소를 시작하는 시간 절차로 이뤄진다. 이날도 예정한 대로 진행했으나 엔진 점화를 앞둔 몇 시간 전에 시험을 진행하는 지상 운용 소프트웨어에 문제가 있음을 확인했다. 그 상태로는 시험이 불가능했기에 담당 인력들이 문제를 확인하고 해결책을 찾는 동안 시험을 잠시 중단했다.

이미 기체에 상당량의 추진제를 충전한 상황이었고 그 상태를 오래 끌고 갈 수는 없었다. 연구진은 초조함 속에서도 소프트웨어 문제를 해결하기 위해 최대한 빠르게 노력했다. 다행히 문제를 해결하고 소프트웨어를 리셋reset한 뒤 다시 진행했으나 이번엔 산화제 충전 쪽 센서에 문제가 발생했다.

말했다시피 소프트웨어 문제를 해결하는 동안 기체는 산화제를 충전한 상태에서 계속 대기했다. 이때 산화제 충전량을 측정하는 센서는 극저온 상태에서 전원이 공급되지 않는 상태로 있었다. 그러다 보니 소프트웨어 문제를 해결하고 리셋해서 시험을 진행할 때 센서는 극저온에 따른 오작동을 일으켰다. 결국 센서가 정확한 산화제 충전량을 측정하지 못하면서 산화제가 벤트라인vent line(배출라인) 쪽으로 넘쳐났다.

처음 겪는 상황에 다들 당황했으나 급박하게 이뤄진 분야별 검토 결과 시험 진행에는 문제가 없을 것으로 판단했고, 애초에 예정한 시험 시간을 넘겨 5시 15분경 무사히 연소 시험을 진행했다. 만일 이날의 시험을 예정대로 진행하지 못했다면 후속으로 예정한 업무들을 연기하면서 10월로 예정한 시험발사체 발사 일정에 차질을 빚을 수 있는 어려운 순간이었다.

나중에 얘기를 들었지만 어렵게 시간을 내서 찾아준 과학기술보좌관은 연소 시험이 계속 지연되자 후속 일정 때문에 연소 시험을 못 보고 자리를 떴다고 한다. 아무리 꼼꼼하게 준비해도 개발 과정 중의 시험에서는 예상치 못한 상황이 종종 발생한다. 의도치 않은 상황이었으나 시간은 누구에게나 소중한 것이므로 오류를 줄이는 데 더욱더 힘써야겠다는 의지를 다졌다.

극히 미세한 누설도 허용할 수 없다

잘 알려진 것처럼 누리호의 구성품은 대부분 국내에서 새로 개발했다. 그 많은 구성품을 개발하면서 우리는 필연적으로 오작동을 빈번하게 경험했고 그것을 개선하며 개발을 진행해왔다.

　3단형인 누리호에는 모두 450여 개 밸브류가 있는데 액체 추진 로켓이다 보니 밸브류 성능은 누리호 성능과 직결되었다. 각각의 밸브는 개별 개발 과정을 거치며 해당 환경에서 작동 시험을 진행하고 성능을 검증한다. 그러나 밸브를 엔진이나 기체에 장착한 상태에서 가동하면 가끔 예기치 않은 오작동이 발생한다. 특히 우리는 엔진 시험과 시험발사체 개발모델·인증모델 시험에서 극저온 액체산소나 고압 액체·기체를 운용할 때 예상치 못한 오작동을 확인했다.

　이제 시험발사체 인증모델의 모든 시험을 무사히 마친 연구진은 시험발사체 비행용 기체를 준비해 시험발사체 비행 시험을 준비하는 단계에 도달했다. 그때 새로 조립하는 기체 구성품들이 극저온 운용 환경에서 오작동할 수 있다는 우려가 제기되었다. 그래서 우리는 발사 전에 실제 발사 절차와 똑같이 발사대에서 비행용 기체에 산화제를 충전한 뒤 문제가 없는지 확인하는 절차를 진행하기로 했다.

　이런 시험을 WDR Wet Dress Rehearsal이라 하는데, 이때 실제 추진제를 기체에 주입하는 것을 포함해 발사 과정에 준하는 절차를 대부분 진행한다. 이에 따라 우리는 발사대 주변 해역까지 통제하는 안전 통제를 비롯해 비행용 기체로 발사 과정을 사전에 진행하는 경험을 했다.

시험발사체 발사는 한국형발사체 개발 사업에서 처음 진행하는 비행 시험으로 2013년 1월에 있었던 나로호 3차 발사 이후 꽤 오랜만의 비행 시험이었다. 이 시험발사체 준비 절차는 향후 누리호 발사 운용 절차의 기본으로 자리 잡을 터라 준비기간이 짧았어도 최대한 절차를 수립하고 진행했다. 시험발사체 발사는 10월 25일로 정해둔 상태였고 WDR을 경험했기에 큰 문제가 없으면 일정대로 진행되리라고 판단했다.

드디어 10월 3일, 예전에 나로호 발사대로 사용했다가 시험발사체용으로 개조한 제1발사대에 시험발사체의 비행용 기체가 우뚝 섰고 우리는 발사를 가정한 모든 절차를 시작했다. 우선 발사 전 점검과 준비 절차에 이어 추진제 충전 절차를 수행하고 엔진 점화 전까지의 과정을 진행했다. 다음 날에는 시험을 마무리하고 기체를 조립동으로 이송했다.

큰 문제는 아니었으나 시험 과정에서 일부 밸브의 오작동을 확인해 교체하기로 결정했다. 또한 시험 데이터를 분석하는 과정에서 산화제 탱크 내부 데이터에 일부 이상이 있음을 보고받았다. 산화제 탱크 내부에는 산화제뿐 아니라 산화제 탱크와 연료 탱크를 가압하기 위한 헬륨을 보관하는 극저온 고압 헬륨 탱크가 있는데, 이 부분에서 일부 누설이 있을 수 있다는 내용이었다.

우선 우리는 문제가 있는 밸브를 교체했다. 누설이 의심되는 부분도 지속해서 관찰한 후 교체한 부품들의 상태와 누설 관런 여부를 최종 확인하고자 10월 16일 다시 WDR을 진행했다. 산화제를 충전하고 극저온 헬륨 탱크를 충전하면서 면밀하게 관찰한 결과 산화제 내부의 미세한 누설을 이전보다 확실하게 확인했다. 그 상태로 발사하는 것은 좋지 않다고 판단한 우리는 발사를 연기하기로 했다.

문제해결사들

늘 겪는 일이지만 자주 겪는다고 난감함이 줄어드는 것은 아니다. 문제 해결에 시간이 얼마나 걸릴지 가늠하기도 쉽지 않은 상황이었다. 한 번도 해본 적 없는 일을 해내야 했으니 말이다.

산화제 탱크 내부의 헬륨 탱크 부분은 산화제 탱크 제작 과정에서 모든 조립을 완료한 상태로 납품을 받는다. 따라서 먼저 비행용으로 조립한 기체를 분해하고 탱크 상부 단열재와 부품들도 분해해 탱크 덮개를 열어야 한다. 이어 사람이 탱크 내부로 들어가 문제 부위를 확인한 뒤 조처를 하고 기밀에 문제가 없는지 점검한다. 그리고 다시 탱크와 기체를 조립한다.

일단 긴급하게 필요한 작업을 먼저 진행하기로 하고 기체를 조립동으로 이송한 뒤 바로 분해하기 시작했다. 급한 요청에 응해 우주센터로 달려온 탱크 제작사 인원들도 각기 맡은 바 작업을 성실히 수행했다.

살펴보니 산화제 탱크 내부에 있는 헬륨 탱크와 고압 배관과의 연결 부위 중 한 곳이 충분치 않은 체결력으로 고정된 상태였다. 이것은 산화제 탱크 제작 과정에서 상온 상태의 기밀 확인 시험은 모두 통과했으나 WDR에서 극저온·상온·고압 과정을 거치며 체결한 부위가 풀어져 누설이 발생한 것이었다. 탱크 제작 과정에서는 극저온·고압 시험을 현장에서 진행하기가 물리적으로 어려워 벌어진 일이었다.

다행히 모두가 발 빠르게 대처하면서 분해, 문제 확인, 점검, 재조립 과정이 일사천리로 진행되었고 우리는 WDR을 한 차례 더 수행해서 문제가 없으면 발사하기로 했다. 결국 예정일보다 한 달쯤 뒤인 11월 28일 우리는 시험발사체 발사를 진행했다.

75t 엔진을 이용한 누리호 첫 발사는 75t 엔진의 성능을 비행 시험으로 충분히 확인하는 소중한 경험이었다. 우리 손으로 설계, 제작, 조립해서 날려본 이 경험은 우리의 액체추진 로켓이 실현 가능하다는 것을 보여준 쾌거다.

앞서 말했듯 시험발사체는 누리호 2단을 이용해 비행했고 이 과정으로 2단부 인증은 모두 마쳤다고 볼 수 있다. 시험발사체 발사가 끝난 직후부터 2020년 초까지 우리는 3단형 누리호를 위해 2단부와 유사하게 3단부 인증 시험을 진행했다. 그리고 2020년 12월부터 1단부 인증 시험에 착수해 2021년 3월 최종적으로 1단부 인증 시험을 마쳤다.

누리호 첫 발사를 위한 마지막 과제

2021년 드디어 누리호 첫 발사를 진행할 해가 밝았다. 연초부터 한국형발사체본부 연구원들은 긴장감 속에서 시간을 보내고 있었다. 1월 말로 예정한 1단부 첫 연소 시험을 앞두고 있었기 때문이다.

우주발사체 개발에 정해진 절차나 규칙은 없다. 단순히 어떤 것을 만들고 시험하는 것으로 그치는 게 아니라, 몇 번이고 다시 시험한 뒤에야 최종적으로 비행 시험에 들어간다. 이 모든 것은 보통 그 나라, 그 시대 개발진의 경험과 능력에 따라 이뤄진다. 해외 발사체 선진국은 이미 1950년대부터 개발을 시작했으나 우리가 그 완전한 개발 자료를 입수할 수는 없다.

현실적으로 우리는 조각조각 알고 있는 해외 사례, 국내 개발 경험 그리고 연구원들의 경험과 노하우로 진행할 수밖에 없었다. 그런 상황에서 이전에 진행해온 액체과학로켓 사업(KSR-III), 러시아와 공동개발을 진행한 나로호 개발 경험은 우리에게 큰 힘을 주었다.

누리호 개발은 수천 종에 이르는 각 부분품을 개발하는 것으로 시작했다. 부분품들을 어느 정도 개발하면 중간 조합체를 구성해 시험했고, 이것 역시 어느 정도 진행하면 시스템 수준의 시험을 했다. 예를 들어 엔진은 밸브, 연소기, 유연배관, 터보펌프를 각각 개발해 어느 정도 시험을 진행해야 모두 모아 엔진을 만들었다. 이어 그 엔진으로 연소 시험을 해서 성능을 확인한 뒤 설계 변경이나 개선을 진행했다.

마찬가지로 기체도 이를 구성하는 탱크를 비롯해 내부의 모든 구성품을 각각 개발해 조합하고 엔진을 조립하면 하나의 단이 만들어졌다. 누리호는 3단으로 이뤄졌고 각 단(1, 2, 3단)은 별도의 개발과 최종 인증 시험을 거쳐야 했다. 단별 시험을 모두 끝마쳐야 최종적으로 3단형 기체를 만들어 발사를 준비할 수 있다.

연구진은 시험발사체 발사를 위해 먼저 2단을 인증했고 이후 3단, 마지막으로 1단을 인증했다. 1단을 마지막 순서로 진행한 이유는 75t 엔진 4기를 포함하는 1단이 가장 복잡하고 규모도 가장 크기 때문이다. 우리는 2020년 12월부터 1단 시험에 착수했고 두 차례의 비연소 시험은 순조롭게 이뤄졌다.

마침내 2021년 1월 말 우리는 1단의 첫 연소 시험을 앞두었다. 이미 백 차례 넘는 75t 엔진 연소 시험과 2단, 3단 연소 시험으로 연소 시험에 이력이 난 연구진이지만 1단 연소 시험을 앞두고 모든 연구진은 긴장하지 않을 수 없었다. 행여 예상치 못한 일이라도 생길까 싶어 우리는 점검에 점검을 더하며 하루하루 준비에 몰두했다.

　추력 300t인 1단은 200t의 기체를 지상에서 들어 올리며 비행을 시작하는 동력을 제공한다. 그 정도 힘을 내는 기체를 지상에서 붙잡고 연소를 계속 진행하는 것은 실로 무시무시한 일이다. 항우연 개발진 역시 한 번도 경험해보지 못한 규모의 연소 시험이었다.

　2021년 1월 28일 우리는 첫 연소 시험을 진행했다. 비록 30초 동안의 짧은 시험이지만 준비는 발사할 때와 마찬가지로 아침 일찍부터 시작했다. 시험 순서는 수년에 걸친 개발 시험 운용 경험으로 연구진에게 이미 익숙해진 지 오래였다.

　연구진은 아침 일찍부터 시험장과 기체 외부의 준비 상태를 점검하고, 시험 시작과 함께 기체 내부 구성품들을 모두 살폈다. 밸브를 하나하나 여닫고 전장품 전원을 공급해 상태를 살펴본 뒤 모든 것이 문제가 없거나 시험에 걸림돌이 없음을 확인해야 후속 순서 작업을 진행할 수 있다.

　점심 무렵이면 모든 점검을 얼추 끝내고 산화제 공급을 위한 산화제 공급 계통 냉각을 시작한다. 산화제로 사용하는 영하 183°C의 액체산소는 주변 온도를 극도로 떨어뜨리기 때문에 미리 배관이나 밸브, 탱크를 냉각시켜야 극저온에 따른 갑작스러운 열충격을 줄이고 오작동을 예방할 수 있다.

　우리는 연료와 산화제 충전을 모두 끝내고 연소 전 사전 준비 작업도 문제없이 진행했다. 드디어 시험 시각인 오후 3시, 모두가 긴장하며 숨죽인 채로 CCTV 화면을 응시하는 가운데 초읽기 끝에 75t 엔진 4기가 불을 뿜기 시작했다. 엔진 1기 연소 시험 장면과 소리에는 이미 익숙했으나 처음 듣는 75t 엔진 4기의 굉음과 진동은 그야말로 대단했다. 우리는 모두 약속이라도 한 듯 침묵 속에서 손에 땀을 쥔 상태로 연소 장면을 지켜보았다.

일각여삼추—刻如三秋라고, 30초라는 그 짧은 시간이 왜 그리 길게 느껴지던지! 마침내 30초 연소 시간이 흘러 시험은 끝났고 누가 시키지도 않았지만 모두 손뼉을 치고 있었다.

'아, 1단도 되는구나!'

그동안 반신반의하던 연구원들도 이제 누리호 완성을 더는 의심하지 않았다. 이후 우리는 계속해서 1단을 이용한 2차(2021년 2월 25일, 100초), 3차(2021년 3월 25일, 125초) 연소 시험을 성공적으로 마치고 1단과 관련된 모든 시험을 종료했다. 이로써 누리호 1, 2, 3단 시험은 모두 끝났고 그때부터 우리는 3단형 전기체를 이용한 마지막 발사 전 작업을 시작했다. 마지막 시험 때는 대통령이 참관하게 되어 우리는 현직 대통령 앞에서 시험을 진행하는 색다른 긴장감을 맛보기도 했다.

누리호 발사를 준비하기에 앞서 우리에게는 아직 한 가지 검증 작업이 남아 있었다. 바로 새롭게 구축한 제2발사대 검증 작업이었다. 이 검증 작업은 3단형 누리호 기체가 있어야 가능했다.

발사대는 발사체 개발과 별도로 기초 토목공사부터 지하 장비는
물론 상부의 엄빌리컬 타워umbilical tower를 비롯한 각종 기계 장
비, 유공압 장비, 전기·전자 장비까지 구축했다. 그리고 장비별로
별도의 검증 시험을 비롯해 3단형 기체와 유사한 목업Mock-Up(실
물 모형)을 이용해 모든 유사 시험을 진행했다. 그렇지만 실제로
발사체와 발사대와의 접속에 문제가 없음을 확인하려면 실제 기
체를 이용해 발사 전 과정의 작업을 진행해봐야 한다.

　이를 위해 우리는 단별로 만들어 연소 시험까지 마친 인증
모델 기체를 모아 우선 3단형 기체를 만들었고 이것으로 발사대
인증 시험을 했다. 발사대 인증 시험은 한 달 정도 일정으로 이뤄
졌다. 이어 8월 말에는 비행용 3단형 기체를 이용한 WDR을 수행
했다. 지난 시험발사체 WDR 때와 달리 이번에는 기체 구성품에
큰 문제가 발생하지 않았다.

　이제 우리는 10월 누리호 첫 발사를 위한 최종 준비 작업에
들어갔다.

누리호 1차 발사 준비

대한민국에서 우주발사체를 발사하려면 우주개발진흥법에 따라
과학기술정보통신부 장관의 발사 승인을 받아야 한다. 즉, 소정의

내용을 갖춘 발사계획서를 제출해 심의를 받는 게 필수다. 항공우주연구원은 누리호 1차와 2차 발사 허가를 위해 2021년 3월 발사 허가를 신청했는데 당시 1차 발사 예정일을 2021년 10월 21일로 정해 제출했다.

그로부터 약 6개월 후 실제 발사일을 확정하기 위한 회의가 열린다. 우주발사체 발사는 단순히 발사 임무에 따라 필요한 날을 잡으면 끝나는 게 아니다. 부수적으로 여러 가지 일이 많이 연관되어 있어서 간단하게 날짜를 결정하고 진행할 수가 없다.

예를 들어 우주발사체는 다량의 연료를 내부에 탑재하고 비행하며 비행 도중 분리되어 낙하하는 낙하물은 대부분 공해상에 낙하하도록 운용한다. 이때 만약 비행 중인 발사체나 낙하물과 충돌하면 큰 피해가 발생할 수 있으므로 발사 일시를 결정하면 국제적으로 통보한다. 발사대 부근과 낙하 예정 지역 인근의 선박이나 항공기가 사전에 피할 수 있도록 하기 위해서다. 이 같은 국제 통보는 정부의 타부서에서 담당하는 업무라 과기정통부는 날짜를 공식 확정한 뒤 관계 기관과 내·외부에 공지한다.

2021년 9월 29일, 과기정통부 1차관 주재로 누리호 1차 발사를 위한 발사관리위원회가 열렸다. 코로나-19 탓에 영상회의로 개최한 발사관리위원회에서는 발사 준비 진행 경과와 함께 발사장 준비 상태, 예상 기상 등을 보고했고 10월 21일 16시를 발사 일시로 최종 확정했다.

10월 19일 오후 5시 반, 발사체를 발사대로 이송해 발사 준비를 하기 전 비행시험위원회를 개최했다. 이때 현재까지의 준비 사항을 분야별로 확인한 후 발사 작업 진행을 위한 최종 결정을 내린다. 즉, 발사체를 발사대로 이송하기 위한 준비 상황을 점검하고 발사체 이송을 승인한다. 회의 시간은 길지 않았고 비행시험위원회 위원들이 한 명씩 모두 서명하고 회의는 끝났다. 나로우주센터 내의 모든 사람 얼굴에는 발사를 앞둔 긴장감이 역력하게 묻어났다.

10월 20일 오전 7시 20분, 발사체가 조립동을 떠날 시간이 다가왔다. 이송을 담당하는 연구원, 작업자 그리고 이송 주변을 통제하기 위해 나와 있는 사람들은 모두 분주하게 움직였다. 마침내 발사체를 실은 차량이 조립동을 나와 발사대로 향했다. 늘 그렇지만 그 자리에 있던 모든 사람은 발사 과정이 문제없이 이뤄져 발사체가 다시 조립동으로 돌아오는 일이 없기를 간절히 바랐다.

약 한 시간에 걸쳐 발사대로 이송한 누리호는 먼저 발사대에 기립하는 작업을 진행했다. 이후 전기 엄빌리컬을 먼저 연결하고 내부 전자 장치를 점검한 뒤 나로우주센터와의 통신을 확인했다. 그 뒤 발사체 단별로 유공압 엄빌리컬을 연결하는 작업을 진행하고 유공압 연결 부위의 기밀 확인까지 마치면 발사 전날의 발사 준비 작업은 끝난다.

저녁 8시, 발사관리위원회가 열렸다. 과기정통부 1차관을 비롯해 그간 영상회의로 만난 사람들이 모두 나로우주센터에 모여 내일로 예정한 발사를 두고 논의했다. 그 자리에서는 현재까지의 진행 상황을 논의하고 내일 날씨를 보고받았다. 기상은 대체로 양호하지만 고층풍(대기 상층에 부는 풍속이 큰 바람)이 악화할 가능성이 있어서 다소 우려스러웠고 우리는 이 부분을 계속 주의 관찰하기로 하고 회의를 마쳤다.

회의는 밤 10시 무렵에 끝났고 나는 그때까지 통제실에 남아 있던 연구원들과 함께 누리호 발사체가 서 있는 발사대로 올라가 누리호의 마지막 모습을 직접 보며 머릿속에 담았다.

드디어, 누리호 첫 발사

10월 21일, 날이 밝자 이른 아침인 오전 6시부터 모두가 분주했다. 나는 창밖으로 저 멀리 보이는 발사대에 누리호가 잘 서 있는지부터 확인했다. 연구원들은 누가 일일이 챙기지 않아도 각자 자신이 할 일을 찾아갔다. 발사 당일의 공식 절차는 오전 10시부터 시작하지만 연구원들은 훨씬 이른 시각부터 각자 담당한 일을 처리하며 하루를 시작했다.

발사 당일 오전 9시 비행시험위원회가 열렸다. 이 자리에서는 전날 진행한 발사 준비 작업 내용을 공유하고 금일 진행할 작업을 검토하는 한편 추진제 충전과 발사를 최종 승인했다.

오전에 진행한 발사체 내부 점검에서 몇 가지 소소한 특이사항이 있었으나 연구원들은 빠르게 대처해 문제를 해결하면서 절차를 계속 진행했다. 그러던 중 발사대 지하의 지상 공급 계통에서 밸브가 오작동하는 바람에 절차 진행이 상당히 지연되고 말았다.

발사체 발사 운용에는 여러 종류의 위험물이 존재하기 때문에 본격적인 발사 준비 절차에 앞서 발사대 지역의 모든 사람을 소개하고 발사통제동에서 원격으로 준비 작업을 진행한다. 그런데 발사대 하부의 비정상 밸브를 확인하려면 관련 인원이 직접 접근해야 한다. 인원 통제를 해제하고 담당자들이 접근해서 문제를 확인해 처리하는 동안 업무 진행은 지연될 수밖에 없었다.

시간이 갈수록 예정 시각인 오후 4시에 발사하는 게 어려워 보였다. 12시가 지나자 우리는 발사 시각 연기를 결정했고 발사관리위가 이를 보고했다. 과기정통부 차관은 오후 2시 반에 열린 공식 브리핑 자리에서 발사 시각을 오후 4시에서 5시로 공식 변경했다. 그동안 나로호, 누리호 개발을 진행하며 발사 당일에 발사 시각을 변경하는 것은 처음 경험하는 일이었으나 다들 침착하게 각자의 역할을 흔들림 없이 진행했다.

발사 당일 오후에는 연료와 산화제 충전을 시작하고 기체의 산화제 탱크 외부에 성에가 끼면서 발사 단계가 본격 진행된다.

이후에는 발사체 내부의 각종 상태를 관찰하면서 연료와 산화제 충전, 산화제 탱크 내부의 고압 헬륨 탱크 충전 등을 완료한다. 이와 함께 나로우주센터와의 통신 확인, 탑재 전자 장비 점검 등을 진행한 후 발사 10분 전부터 발사 자동 시퀀스를 진행한다.

PLO Pre-Launch Operation라고 부르는 발사 자동 시퀀스는 사람이 아니라 지상 컴퓨터가 시간에 맞춰 자동으로 예정한 업무들을 수행하는 것을 말한다. 자동 시퀀스는 특정 시점에 특정 센서 값이 일정 범위 이내로 정상인지 등을 확인하며 만일 비정상 상황을 감지하면 발사를 자동 중단한다.

발사책임자는 발사 자동 시퀀스 시작 전에 분야별(발사 준비, 발사장, 안전 분야 등) 준비 상태를 최종 확인한 뒤 발사 자동 시퀀스 시작을 선언한다. 그 뒤에는 모두 진행 과정을 지켜보며 무사히 발사가 이뤄지기를 기원한다.

4시 50분부터 시작한 PLO는 발사 4초 전 1단 엔진 4기를 점화하면서 보는 사람들의 긴장감을 극대화했다. 발사통제실에서 엔진 4기 점화를 육안과 데이터상으로 확인하고 서서히 발사체가 이륙하는 순간 통제실 내부에는 숨소리조차 들리지 않았다. 조금씩 상승하는 누리호에 연결된 엄빌리컬 케이블들이 무사히 분리되는 모습을 보며 모두가 일단은 안도하면서 잘 날아가기만 고대했다.

이륙 후 10초, 20초….

시간이 점점 지나면서 통제실 전면의 대형 화면 지도에 하나의 점으로 표시한 누리호의 위치가 남쪽으로 조금씩 이동했다. 120여 초가 지나고 우리는 1단 엔진 종료, 1·2단 분리, 2단 엔진 점화 등 비행 중 난이도 높은 일련의 이벤트가 순조롭게 이뤄지는 것을 확인했다.

우주발사체가 비행 중 실패하는 가장 큰 원인은 엔진을 비롯한 추진기관 문제 때문이다. 그다음 문제는 단 분리, 페어링 분리처럼 비행 중의 분리 때 발생한다. 1단 점화가 순조로웠던 누리호는 정해진 시간 동안 연소한 뒤 이어지는 연소 종료, 단 분리, 2단 점화도 순조로웠다.

2단은 점화 이후 140여 초를 연소하며 예정대로 비행했다. 누리호의 3단은 2단 상부동체 내부로 아주 깊숙이 들어가 조립하기 때문에 2·3단 분리 시 3단이 2단 내부에서 1·2단 분리 때보다 훨씬 길게 움직여야 한다. 당연히 우리는 이것이 잘 분리될지 많이 걱정했다.

드디어 2단 연소가 끝나고 2·3단 분리로 들어갔다. 걱정과 달리 깔끔하게 분리되는 2단을 보는 순간 우리는 첫 발사지만 많은 것이 잘 진행되고 있다고 생각했다. 이어 3단 점화로 자세제어가 안정적으로 이뤄지며 고도가 약 200km에서 점점 상승해 700km까지 올라가는 모습을 보며 우리는 우려와 달리 첫 발사하는 누리호가 성공을 향해 거의 다가가고 있다고 판단했다.

3단은 500초 이상으로 가장 길게 연소하기 때문에 통제실 내부는 긴장한 표정으로 조용히 자리를 지키며 쳐다보고 있었다. 실은 1초, 1초 시간이 더해지면서 다들 성공에 점차 다가가고 있다고 생각했다.

하지만 그 기대를 깡그리 무시하고 발사체는 이륙 후 747초 만에, 그러니까 3단 점화 후 475초에 3단 연소를 종료했다. 그때의 속도는 6.51km/sec로 궤도 투입 속도(7.50km/sec)에 미치지 못했다. 아쉽게도 연소는 50초 짧게 종료되었고 결과적으로 궤도 투입 속도에 도달하지 못했다. 이 경우 결국 지상으로 낙하한다.

어쩌나 아쉬웠던지 여기저기서 탄식이 터져 나왔다. 우리는 다들 멍하니 전면 화면의 누리호 위치만 보고 있었다. 그 와중에 누리호는 계속해서 정해진 일들을 수행했다. 3단 엔진 종료 후 정해진 시간 170초 뒤 누리호는 목업 위성을 분리하고 할 일을 마친 것이다. 그렇게 누리호 첫 발사는 최종 목표를 달성하지 못했다. 그러나 우리 손으로 준비한 우주발사체는 첫 비행에서 많은 것을 확인하게 해주었고 이는 우리에게 아주 커다란 성과였다.

또다시 조사위원회

완전한 성공이 아닌 이상 원인 조사를 해야 하는 터라 이번에도 정부 주도로 조사위원회를 구성했다. 다만 아쉬운 실패였기에 정부 측에서 항우연을 많이 배려해 조사위 구성원의 절반을 항우연 인원으로 채웠다. 특히 최환석 항우연 부원장을 위원장으로 선정해 나로호 시절 조사위원회와 관련해 남아 있던 좋지 않은 기억을 많이 완화하게 해주었다.

대신 1차 발사에 성공하지 못한 원인을 분석하고 그 대응책을 마련해야 하는 항우연의 책임은 그만큼 커질 수밖에 없었다. 더구나 항우연은 외부 조사위 운영에 앞서 내부 데이터를 정리하고 분석하는 일을 선행해야 했다.

발사 다음 날, 항우연의 발사체 본부 인원은 대부분 통제동 관람석에 모여 퀵 리뷰Quick Review를 했다. 실시간으로 전송받은 주요 데이터 내용과 영상을 함께 검토한 우리는 주된 원인이 3단 산화제 탱크 압력이 떨어진 데 있음을 바로 확인했다. 우리는 곧바로 원인을 분석하기 위한 분야별 분석을 시작했다.

나로호 개발 때 비행 중의 비정상 원인 파악과 개선안 도출을 이미 여러 차례 경험해본 연구진은 곧바로 비정상 비행 조사위원회Flight Anomaly Investigation Committee, FAIC를 구성하고 원인 분석 작업에 착수했다. 그 과정에서 우리는 비행 중에 계측한 2,600여 개의 원격측정 데이터를 분야별로 분석하고 함께 모여 가능한 원인을 고민하는 일을 계속 반복했다.

보통 지상 시험 중 비정상 상황이 발생하면 깊이 있는 원인 분석이 원활하게 이뤄진다. 상황 종료 후 대개는 현장에 하드웨어가 남아 있기 때문이다. 하드웨어와 센서 데이터, 나아가 다양한 각도에서 찍은 영상 자료까지 남아 있어 비교적 상황을 종합적으로 파악할 수 있다.

반면 비행 중에 생긴 문제는 대부분 하드웨어가 존재하지 않고 비행 기체에는 센서를 적게 장착하는 터라 센서 데이터가 부족하며 영상 자료도 제한적이라서 일반적으로 분석에 오랜 시간이 걸린다. 또한 종합적인 결론이 나기도 쉽지 않다. 대개는 한 가지 원인으로 귀결하기보다 가능한 여러 개 가설로 결론이 나기 쉽다.

누리호 1차 발사도 산화제 탱크 압력 저하에 따른 조기 연소 종료 부분은 금방 파악했다. 그러나 산화제 탱크 압력이 왜 떨어졌는지 파악하는 데는 그야말로 연구원들이 온갖 상상력을 동원해 많은 가설을 세울 수밖에 없었다.

그렇게 한 달 반이 흘러갔다. 어찌 보면 긴 시간이지만 우주개발 분야에서는 짧은 시간이다. 긴 논의를 거친 우리는 산화제 탱크 내부의 고압 헬륨 탱크가 고정부를 이탈하면서 모든 현상이 발생한 것으로 최종 정리했다.

일단 파악하고 나면 간단하고 단순해 보이지만 이를 찾아가는 과정은 가히 어둠 속에서 하나하나 더듬어가며 물건을 확인하는 수준과 다를 게 없다. 비정상 원인을 파악한 후 우리는 바쁘게 후속 업무를 진행했다. 문제가 발생한 부분을 수정하기 위해 설계 개선안을 도출하고 개선한 설계안에 문제가 없는지 해석, 검증, 재제작, 재장착 등 일련의 일을 수행한 것이다.

2022년 4월, 우리는 또다시 발사를 준비해야 했다. 내가 늘 되새기는 진인사대천명이라는 말처럼 그렇게 우리는 할 일을 다하고 다시 한번 결과를 기다려야 하는 순간을 맞이했다.

10장

또 다른 시작 :
누리호 2차 발사 & 그 후의 이야기
누리호 개발책임자 고정환

2차 발사의 첫 번째 발사 연기

2022년 2월 우리는 후속 작업과 발사 준비 일정 등을 고려해 누리호 2차 발사 일정을 6월로 잠정 결정했다. 6월 말 이후에는 장마가 올 가능성이 컸고 발사일을 장마 이후로 고려하면 3차 발사 준비를 비롯한 후속 일정이 차례로 밀릴 듯했다. 현실적으로 가장 빠르게 준비할 수 있는 시간을 따져보니 6월 15일이 적당했다.

그렇게 발사일을 6월 15일로 잠정 고려했다가 5월 25일 2차 발사를 위한 첫 번째 발사관리위원회에서 이를 최종 확정했다. 1차 발사에 성공하지 못한 원인을 분석하고 설계 변경안 수립, 검증 시험 등을 추가로 진행했음에도 불구하고 원래 예정한 5월보다 한 달 정도 늦은 6월로 2차 발사 날짜를 정한 것이다. 촉박하게 추진할 필요도 없지만 일부러 늦출 필요도 전혀 없는 상황이었기에 현실을 고려한 일정을 수립했다고 하겠다.

누리호 2차 발사를 준비하면서 현장은 생각보다 여유 있게 하루하루 업무를 진행했다. 일부러 서둘 필요는 없었기 때문이다. 누리호에 처음 탑재하는 위성(성능검증위성)이 나로우주센터에 도착한 5월 중순에야 바야흐로 2차 발사가 주는 긴장감이 서서히 느껴졌다.

위성 점검과 누리호 준비는 일정에 따라 이뤄졌고 이윽고 6월 둘째 주부터 발사 업무를 시작했다. 6월 13일, 준비한 누리호를 이송 장치에 옮겨 싣고 발사 진행을 위한 내부 기술회의(비행시험위원회)를 처음 진행했다. 오후 5시 30분에 시작한 회의에서 우리는 발사에 필요한 모든 분야를 점검하고 이상이 없음을 확인했다.

다만 14일 날씨가 이송·기립·엄빌리컬 체결 작업에 좋지 않다는 것을 보고받았다. 14일에 이송하고 기립한 후 고공에서 엄빌리컬 연결 작업을 해야 하는데 비와 강풍이 예상된다는 것이었다. 비바람으로 작업 진행에 안전 문제가 제기되고 기상 예보에도 불확실성이 있어서 그대로 이송 진행을 확정할 수 없는 상황이었다. 궁여지책으로 일단 이송 준비는 하되 14일 오전 5시 날씨를 분석하고 오전 6시에 비행시험위원회를 재개해 이송을 최종 결정하기로 했다.

휘몰아치는 바람 소리를 들으며 다들 밤새 긴장했다. 나는 오전 4시에 깨어 기상 예보를 확인했는데 별반 달라진 게 없었다. 6시 회의에서 발표한 기상 예보 역시 작업에 좋지 않은 예보를 좀 더 확실하게 제시했다. 어쩔 수 없이 우리는 14일 이송이 기술적으로 어렵다고 결정하고, 오전 7시 발사관리위원회를 열어 이송 불가를 공식 확정했다. 이처럼 빠른 의사 결정은 차관을 비롯한 발사관리위원회 위원들이 화상회의로 접속한 덕분에 가능했던 일이다.

그렇게 우리는 2차 발사의 첫 번째 발사 연기를 확정했다.

또다시 발사 연기

발사를 하루 연기한 연구원들은 모두 맥이 빠져 긴 하루를 보냈다. 오후 5시 30분, 다시 비행시험위원회를 소집한 우리는 날씨를 확인한 뒤 이번에는 날씨에 문제가 없을 것으로 판단해 15일 이송을 결정하고 발사 준비를 진행했다.

우주발사체 발사에서 날씨 문제는 언제나 따라다니는 변수다. 우리는 6월 14일의 특이 기상을 2차 발사 성공을 위한 액땜으로 여겼다. 6월 15일, 날이 밝자 우리는 오전 7시 20분부터 발사체를 발사대로 이송하기 시작했다. 한 시간 정도 걸려서 발사대에 도착한 누리호 기체는 지난 10월 첫 발사를 한 지 약 8개월 만에 다시 발사대에 기립했다. 발사통제동에서는 기립 후 점검 작업에 들어갔고 제일 먼저 발사체와 연결된 전기 엄빌리컬을 이용해 전기 부분품들을 검사했다.

이미 1차 발사를 비롯해 기체 점검 경험을 많이 했기에 각 단의 전기 부분품 점검은 빠르게 이뤄졌다. 모든 부분품이 정상 상태였고 딱 한 가지 부품만 출력값에 이상이 나타났다. 1단 산화제 탱크의 산화제 충전 수위를 측정하는 레벨 센서였다.

누리호는 발사 당일 기체와 엔진 부분품을 모두 점검한 후 연료와 산화제를 충전한다. 그 충전량은 임무에 따른 요구량과 당일 날씨 등을 고려한 산화제(액체산소) 증발량까지 미세하게 계산해 이륙 전에 정확히 탑재한다. 그 탑재량을 측정하는 것이 레벨 센서인데 여기에 문제가 생기면 발사가 불가능하다.

간혹 그렇게 중요한 센서를 왜 이중화하지 않느냐는 말을 듣는데 해당 센서는 이륙 전 탑재량 측정에만 사용하고 이륙하는 순간 전원이 차단되면서 전혀 기능하지 않는다. 그런 부품을 이중, 삼중으로 탑재하면 쓸데없이 무게만 높일 뿐이다. 이륙 전에 문제를 감지할 경우 센서를 교체하고 다시 발사하면 되므로 굳이 이중화까지 고려할 필요는 없다.

일단 비정상 상태를 확인하면 문제를 해결할 때까지 후속 작업을 하지 못한다. 다들 다급히 움직이기 시작했다. 먼저 발사대에 발사체가 기립한 상태에서 문제 확인과 부품 교체가 가능한지 확인하기 위해 발사대에서 고소작업대를 이용해 기체에 접근해보려 했다. 하지만 발사체 주변 공간이 협소해 한 시간 정도 시도 끝에 작업이 불가능함을 확인하고 불가피하게 발사체를 다시 조립동으로 옮겨 점검해야 했다.

발사체를 조립동으로 이송한다는 것은 다음 날 발사가 불가능하다는 의미였고 날씨로 인해 이미 한 차례 발사를 연기한 개발진은 침통할 수밖에 없었다. 만약 산화제 탱크 상부에서 탱크 내부에 장착한 레벨 센서 전체를 교체해야 할 경우 1단과 2단을 다시 분리해야 할 수도 있었다. 그러면 앞으로 얼마나 많은 시일이 걸릴지 추산조차 쉽지 않은 상황이었다.

경황이 없었지만 우선 공식적으로 정리할 필요가 있었다. 우리는 과기부와 긴급히 협의해 현장에 있는 위원들과 나로우주센터로 이동 중인 위원들을 화상회의로 소집했다. 그리고 오후 4시 50분경 발사관리위원회는 발사 연기를 결정하고 취재진을 위해 나로우주센터 우주과학관 지하에 임시로 마련한 프레스센터에서 언론 브리핑까지 순식간에 진행했다.

누리호 기체는 곧 조립동으로 이송할 준비를 했으나 실제 이송까지 시간이 걸렸고, 기체가 조립동에 들어와 자리를 잡고 나니 밤 10시 반이었다. 점검 작업은 그다음 날 아침부터 시작하기로 했는데 언제 다시 발사에 나설 수 있을지 몰라 모두가 착잡한 심경으로 숙소로 향했다.

날씨, 너마저!

6월 16일, 아침부터 모두가 분주하게 움직였다. 기체 담당 인원들은 오전 8시 반부터 기체를 이송 장치에서 조립치구로 옮기는 작업을 시작했고, 기체 내부 점검은 오후 2시 반 이후 가능할 것이라고 보고했다.

오전 9시, 조립동 2층 회의실에서는 현장 작업과 별도로 향후 업무를 논의하기 위한 긴급회의가 열렸다. 여기에 참석한 100여 명의 연구원은 무거운 분위기 속에서도 예상하는 원인, 예상 원인별 대책, 향후 일정 등을 차분히 논의했다.

1단의 산화제 탱크와 연료 탱크 사이에 장착한 레벨 센서 신호처리 박스 자체의 문제는 점검창 개방 후 어렵지 않게 교체가 가능했다. 이와 달리 센서 자체의 문제라면 센서 전체를 교체하기 위해 1단과 2단을 분리하는 큰 작업까지 해야 했다. 오후 2시 50분쯤 점검창을 개방해 신호처리 박스를 확인하니 이상이 없었고 레벨 센서 자체의 이상임을 확인했다.

우리는 몇 가지를 추가로 점검한 뒤 오후 4시 45분경 대책을 논의하기 위해 다시 연구진을 소집했다. 레벨 센서부의 점검 결과로는 센서 자체에 전기적 문제가 있는 것으로 나타났다. 도면과 기체 내부를 확인한 기체 담당 연구원들은 레벨 센서의 전기적 코어 부분만 교체하면 다행히 1단과 2단을 분리하지 않고도 교체가 가능하다는 의견을 제시했다.

최악의 상황을 고려하고 있던 참에 뜻밖에도 반가운 의견이었다. 굳이 따져 묻지 않아도 단을 분리할 필요가 없으면 빠른 시간 안에 교체 작업이 가능하고 그러면 며칠 내에 재발사에 도전할 수 있었다.

6월 17일 아침, 연구원들은 일찍부터 레벨 센서의 전기적 코어 부분 탈거 작업을 시작했다. 그 탈거 작업은 한 시간도 지나지 않아 무사히 끝났다. 기체에서 분리해 세심하게 점검한 결과 역시나 문제가 있었고 교체가 필요하다는 결론이 났다.

곧바로 연구원들은 옆에서 조립 중이던 3차 발사용 1단 기체에서 해당 부분품을 분리해 이상 없음을 확인한 뒤 교체 장착 작업에 착수했다. 오후 2시 반경 모든 교체 작업을 정상적으로 마쳤고 주변 부위 점검에서도 이상이 없음을 확인했다.

혹시라도 다른 부위에 추가로 이상이 없는지 최대한 점검해 보는 것이 좋겠다는 의견에 따라 우리는 1단, 2단, 3단 전기체 내부의 전기 부분품을 점검하기로 했고 오후 4시 반경까지는 점검을 완료할 수 있다는 보고가 왔다.

이와 함께 우리는 다시 발사를 시도할 날짜를 잡기 위한 내부 논의를 진행했다. 우선 원래 예정했던 15일에서 일주일을 미룬 22일에 발사를 추진하는 것으로 얘기를 시작했으나 기상 상황을 점검해본 결과 장마 전선이 북상 중이었다. 21일부터 고흥 지역에 장맛비가 시작된다는 힘든 기상 예보가 나왔고 우리는 고민에 빠졌다.

기상 예보로는 21일부터 비가 내린다고 했으나 이것이 얼마나 확실한지는 알 수 없는 상황이었다. 늘 따라붙는 기상 변동성이 크다는 말이 있었기 때문이다. 더구나 4일 전이라 예보가 확실하다고 볼 수도 없었다. 오전 예보와 오후 예보에는 조금 차이가 있었는데 이는 장마 전선의 북상 속도가 오후에 약간 늦어져서다. 이럴 경우 장마 전선이 예상보다 늦게 북상할 수 있었다.

우리는 21일의 비 예보가 달라질 수 있다는 한 가닥 희망을 품고 다 같이 상의한 끝에 21일 발사를 추진하기로 했다. 그리고 과기부 협의와 발사관리위원회 논의를 거쳐 날짜를 확정했다. 날짜 결정을 급하게 진행하는 바람에 발사관리위원회는 오후 5시 화상회의로 개최했고 이어 5시 반경 진행 경과와 새로운 발사 날짜를 언론에 브리핑했다.

기자들의 질문은 대부분 레벨 센서 교체 후 괜찮은지, 다른 문제가 생길 가능성은 없는지, 21일에 비 예보가 있고 그 뒤로도 계속 비를 예보하고 있는데 괜찮을지였다. 날씨는 우리가 어쩔

우리는 로켓맨

수 없는 부분이고 정말로 날씨가 나쁘면 날짜 변경도 불가피하지 않겠냐는 생각으로 우리는 17일 일정을 마무리했다. 주말인 18일과 19일, 우리는 발사 준비 업무를 진행하면서 계속 날씨를 확인했고 날씨가 좋아지기를 바라고 또 바랐다.

18일의 기상 예보에는 큰 변화가 없었다. 하지만 19일이 되자 비 예보가 조금씩 줄어들었고 20일에는 비 예보가 완전히 사라져 마지막 남아 있던 날씨 걱정을 모두 날려주었다.

마침내 성공 그리고 또 다른 시작

6월 20일, 우리는 아침 7시 20분부터 발사체 이송 작업을 시작했다. 며칠 전 레벨 센서 이상으로 멈춘 것과 달리 기립 후 전기 점검도 모두 문제없이 통과하고 D-1일 작업을 순조롭게 마무리했다.

같은 날 저녁 8시, 발사관리위원회는 현재까지의 상황을 논의하고 21일 예정한 발사 작업을 계획대로 진행하기로 했다. 누리호 2차 발사를 위해 벌써 다섯 번째 진행한 발사관리위원회다 보니 모두가 21일 발사가 잘 이뤄지기를 간절히 소망하는 모습이었다.

드디어 21일 날이 밝자 모두 자신의 역할을 차분히 시작했고 예정한 시간대로 모든 것이 순조롭게 흘러갔다. 1차 발사 때는 중간중간 여러 가지 이슈가 발생하면서 이를 해결하며 발사 준비를 진행했으나 이번에는 별다른 특이사항 없이 순조로웠다.

모든 발사 준비 절차는 제시간 안에 끝났다. 발사 10분 전부터 발사 자동 시퀀스가 시작되었다. 모두가 화면과 초읽기 시계를 번갈아 쳐다보며 비행을 기다리는 동안 통제실 내부는 그야말로 초긴장 상태로 접어들었다.

이윽고 발사 4초 전, 엔진이 점화되고 모든 장치가 정상 작동하면서 누리호가 이륙했다. 날씨가 좋아서인지 누리호 외부에 장착한 카메라가 보내온 외나로도 모습이 굉장히 선명하게 보였다. 처음 보는 그 광경에 신기해하는 것은 잠시였다. 곧 지난번처럼 1단 종료, 분리, 2단 점화, 2단 종료, 분리, 3단 점화까지 비행이 이뤄지면서 여기에 집중해야 했다. 드디어 지난번에 문제가 발생한 3단 연소구간이 시작되었다.

모두가 초조하게 지켜보는 가운데 3단 산화제 탱크 압력과 3단 엔진 연소 압력 등 지난번에 이상을 보인 데이터가 정상 상태를 보고했다. 3단의 속도가 계속 상승해 지난번에 멈췄던 초속 6.5km를 통과하고 마침내 목표 고도·속도에 도달한 순간, 엔진이 정지하면서 목표 궤도 투입이 알려졌다.

밖에서는 함성이 들렸어도 아직 위성이 분리되지 않았고 위성 분리가 제대로 이뤄져야 최종 임무 달성이기에 통제실 사람들은 모두 자리에서 차분히 대기했다. 물론 모두의 표정에는 이미 성공의 모습이 보였다.

3단 엔진이 정지하고 100초 뒤, 드디어 성능검증위성이 분리되었고 누리호 내부에 장착한 카메라 영상에 3단에서 밀려 나와 사뿐히 앞서가는 위성의 모습이 선명히 보였다. 성능검증위성 분리가 공지되자 모두가 환호했다. 그리고 70초 뒤 위성모사체 분리를 확인한 후 모두 함께 대한민국의 발사체 개발 성공을 축하했다.

누구는 눈물을 보이며 감격해하고, 누구는 주먹을 불끈 쥐며 격하게 축하하고, 누구는 동료를 안아주고 격려하면서 그렇게 누리호 2차 발사를 종료했다. 한국항공우주연구원을 설립한 지 33년 만에 마침내 대한민국이 우주발사체를 확보한 순간이었다.

과학로켓 개발과 나로호 개발 그리고 12년여 동안의 한국형발사체 개발을 위해 실로 34년간 수많은 사람이 지난한 과정을 겪으며 노력해왔다. 그 노력의 결과물이 바로 대한민국 우주발사체 누리호다. 우리 발사체와 우리 발사장이 없고 우리 기술이 부족해서 겪었던 설움을 뒤로하고 이제 우리는 또 다른 도전을 준비할 때가 되었다.

나로호 사업의 끝이 누리호 시작과 맞물렸듯 누리호 사업의 끝도 또 다른 시작이다. 우선 한국항공우주연구원은 2022년부터 누리호를 상업성을 갖춘 발사체로 업그레이드하기 위해 신뢰도와 성능 향상 작업에 착수할 계획이다.

개인적으로 나는 앞으로 4년 내 달에 탐사선을 수송하는 로
켓을 개발하고 싶은 목표를 세우고 있다. 그러려면 로켓의 연비
를 지금보다 더 높여야 한다. 물론 누리호에 들어가는 엔진 성능
을 높이고 로켓의 단을 추가하면 절대 불가능한 일은 아니라고
본다.

당연히 성공하기까지는 많은 난관이 따르겠지만 포기하면
우리가 해낼 수 있는 일은 아무것도 없다. 두 번의 실패, 여덟 번
의 발사 연기를 거치면서도 나로호가 결국 성공했듯, 한 번의 실
패 후 누리호가 성공했듯, 이후의 대한민국 발사체도 인내와 끈
기 속에 불꽃을 피우리라 확신한다.

진정 누리호는 끝이 아니라 대한민국 우주개발의 새로운 시
작을 의미하며 앞으로 우리가 무엇을 할지는 우리의 관심과 상상
력에 달려 있다.

에필로그

언제나 '그다음'이 있다

우리는 과학로켓으로 시작한 우주로 향한 꿈을 누리호 성공으로 완성했다.

1988년 미국 새크라멘토 에어로제트에서 처음 액체엔진 발사체를 보고 '과연 내 생애에 이처럼 거대한 물건을 우리 손으로 만들어낼 수 있을까?' 하는 의구심에 사로잡혔던 순간이 기억난다. 그래도 우리는 사명감을 가슴에 담고 비록 재능은 부족해도 꼭 해내고야 말겠다는 오기 하나로 절치부심하고 와신상담했다. 덕분에 꿈에서까지 갈망했던 우주발사체 기술을 완벽히 우리 손에 쥐게 되었다.

34년의 우주발사체 개발 여정은 '성공'이라는 기록으로 남았다. 그러나 여기가 끝이 아니다. 기술은 결코 멈춰서는 안 되며 일단 멈추면 퇴보하고 만다. 우리에겐 반드시 가야 할 누리호 '그다음'이 있다. 바로 누리호를 뛰어넘는 차세대발사체 개발이다.

더 넓고 더 먼 우주로 영토를 확장하려면 더 크고 더 힘센 차세대발사체가 필요하다. 우주산업의 성장과 발전도 차세대발사체가 있어야 가능하다. 물론 '그다음'의 길에도 견디기 힘든 시련과 역경이 놓여 있겠지만 피할 수 없는 일이다. 가야만 하는 길이기에 로켓맨에게 포기란 없다. 그저 감인대堪忍待(견디고 참고 기다림)하며 우주로 향한 비상飛上을 계속할 뿐이다.

2008년 4월 흐루니체프사 견학

흐루니체프와의 주요 협상 단계를 마치고 합의에 도달했다

계약 사전 준비를 위해 2003년 가을 모스크바 외곽(힘키)에 마련한 한국항공우주연구원 현지사무소 현판

조립 전 이송 중인 나로호 1단

나로호 1, 2단 조립 장면

나로우주센터 조감도

건설 중인 나로우주센터 발사장

나로호에 탑재될 과학기술 위성을 점검하고 있다

발사를 위해 이송 중인 나로호

발사대에 맞추어 기립하는 나로호

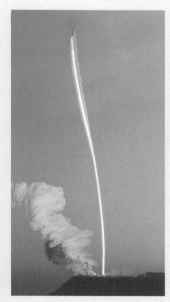

2013년 1월 30일, 나로호 3차 발사 이륙 순간

누리호 탑재 75t급 엔진

조립동에서 본 누리호

누리호 클러스터 엔진

발사장에 기립한 누리호 모습

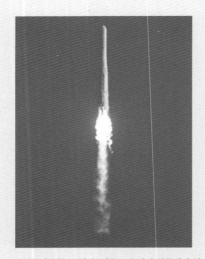

2022년 6월 21일, 누리호 2차 발사 성공의 순간

로켓맨들

강동혁, 강병윤, 강선일, 강신재, 강의철, 고정환, 고주용, 고현석,
공철원, 곽준영, 곽현덕, 권병문, 권병찬, 권오성, 길경섭, 김경석,
김광수, 김광수, 김광해, 김대래, 김대진, 김동기, 김명환, 김문기,
김병훈, 김상헌, 김석권, 김성겸, 김성구, 김성룡, 김성완, 김성혁,
김승한, 김영목, 김영준, 김영훈, 김옥구, 김용욱, 김용호, 김인선,
김인성, 김정용, 김정한, 김종규, 김종민, 김주년, 김주완, 김준규,
김지훈, 김진선, 김진한, 김진혁, 김채형, 김현우, 김현준, 김현준,
김희철, 남중원, 남창호, 노성민, 노웅래, 노준구, 라승호, 마근수,
문경록, 문윤완, 문일윤, 민병주, 박광근, 박동수, 박문수, 박민주,
박순영, 박순홍, 박용규, 박재영, 박정주, 박종연, 박종찬, 박창수,
박충희, 박편구, 박현종, 배종진, 배준환, 백승환, 서견수, 서만수,

서상현, 서우석, 서진호, 선병찬, 설우석, 소윤석, 송윤호, 송은정,

신민철, 신용설, 신주현, 심명보, 심형석, 안재모, 안재철, 양성필,

양현덕, 여인석, 오범석, 오상관, 오승협, 오영재, 오준석, 오창열,

오충석, 오화영, 옥호남, 왕승원, 우성필, 원유진, 유병일, 유이상,

유일상, 유재석, 유재한, 유종필, 유준태, 유철성, 윤석환, 윤세현,

윤영하, 윤원주, 윤종훈, 이경원, 이광진, 이무근, 이민규, 이병용,

이상래, 이상빈, 이상일, 이상훈, 이성룡, 이성세, 이수진, 이승윤,

이승재, 이승제, 이영준, 이영호, 이웅우, 이장환, 이재득, 이정석,

이정호, 이정호, 이종웅, 이준호, 이중엽, 이지성, 이창배, 이한주,

이항기, 이호성, 이효영, 이희중, 임성준, 임유철, 임지혁, 임찬경,

임창영, 임하영, 장민호, 장영순, 장제선, 장준혁, 장해원, 전상운,

전성민, 전영두, 전종훈, 전준수, 정덕영, 정동호, 정연희, 정영석,

정용갑, 정은환, 정의승, 정일형, 정태검, 정태규, 정혜승, 정호락,

제원주, 조광래, 조기주, 조남경, 조동현, 조미옥, 조상범, 조상연,

조수장, 조원국, 조인현, 조철훈, 조현명, 조현선, 주성민, 지기만,

진승보, 최규성, 최상호, 최성재, 최영례, 최영인, 최용태, 최지영,

최창호, 최환석, 하성업, 한상엽, 한상훈, 한영민, 한화미, 허건의,

허성재, 허성찬, 홍문근, 홍순삼, 홍일희, 황도근, 황수설, 황승현,

황창환, 故은세원